古代ギリシア
重装歩兵の戦術

The Ancient Greece: The Tactics of the Heavy Spearmen

長田龍太
Ryuta Osada

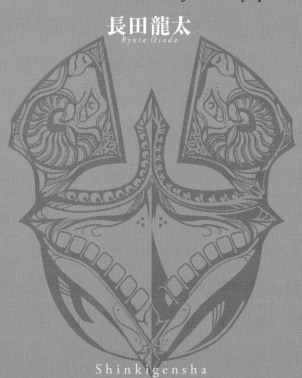

Shinkigensha

重装槍兵（ホプライト）の起源 (P2)

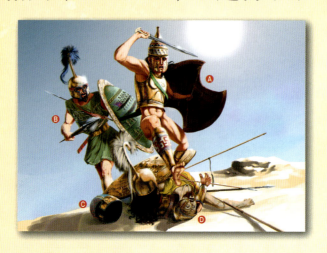

- **A：遷移期初期の重装歩兵**（前8世紀）
  重装槍兵へ移行する時期の歩兵の想像図。兜はキプロス島出土（前7世紀）のもので、尖った頭頂部に中近東の影響がみられる。鎧（前8世紀後半）は後世のものと比べて下端の広がりが少ない。脛当てもまだ短く、膝がむき出しである。盾は背後のグリップを掴む旧式の方法（グリップの形状は推測）を踏襲している。

- **B：最初期の重装槍兵**（前8～7世紀）
  初期のコリント式兜は頭部に密着する単純な形状。盾（アスピス）はすでに完成形であるが、膨らみは後世のものと比べてよりボウル型に近い。武器は細い投槍と太い近接戦用の槍を持つ。青銅製のベルトは後に廃れてしまう。

- **C：プロト・コリント式兜**（前8世紀）
  コリント式兜の原型の推定復元図。現物は発見されていないが、塑像や絵画資料などから推測すると、鼻当てがなかったらしい。

- **D：重装歩兵**（前8～7世紀）
  左の兜はクレタ出土の兜（前650～620年）を基にしたもの。右の兜はケゲルヘルムで、本来はAの兵士が着ていた鎧のモデルとセットになっていたものである。盾はヘルツシュプルング型と呼ばれるもので、デルフォイ出土（前8世紀）のものがモデル。西ヨーロッパからギリシアまでの広い地域で使われ、ホメロスの『イリアス』に登場するアキレウスの盾もこの形式のものであると推測されている。

黄金期の重装槍兵（P4）

- **A：重装槍兵**（前7〜6世紀）
重装槍兵の戦法や装備が確立した前7世紀頃は、全時期を通じて最も重武装化した兵士が登場した時代でもあった。コリント式兜は裏打ちを縫いとめるための穴が消滅し、頬当ても下に伸びて首をカバーするようになった。腕や腿を防護するパーツは、壺絵などの資料を基にしたもので、脛当てと同様に金属の弾性を利用して装着していたと思われる。脛当ても上部が伸びて、膝を守るように進化した。胴鎧の下部は、攻撃を逸らすために大きく張り出している。下腹部を防護するミトラは、鎧に連結しているか、もしくはベルトからぶら下げていたのであろう。

- **B：重装槍兵**（前6世紀頃）
この時期になると、これまで高く天を衝いていたクレストが、兜の輪郭に沿うタイプに変化する。防具も整理され、兜、鎧、脛当ての組み合わせが標準となり始める。胴鎧も筋肉を模した装飾がより写実的になったうえに、下端部の張り出しがなくなった。イラストの兵士が着ている鎧下は、スポラスと思われる服を再現したもの。

- **C：スパルタ市民歩兵指揮官**（前5世紀初頭）
有名なペルシア戦争に代表されるスパルタの絶頂期は、重装槍兵の黄金時代でもあった。コリント式兜は、今や完成形に到達する。頭部にキノコ状の膨らみを設けて、額部分でのみ地肌に接触するようになり、また頬当てが下に大きく伸びて首をより効果的にカバーできるようになった。頬当て同士の間隔も狭まり、露出部位を限界まで絞っている。スパルタは他の都市国家と違い、長髪をドレッドロックスにしていた。横向きにつけられたクレストは、指揮官級の兵士たちが用いたと考えられている。

- **D：重装槍兵**（前5世紀頃）
前6世紀後半には、リノソラックスと呼ばれる新しいタイプの鎧が導入された。イラストの鎧は肩当て部分の下端が角ばっている初期のタイプのもの。下腹部を守るプテルグスは、同じ長さのものが一般的で、イラストのように上下で長さが違うものは稀である。

- **E：トラキア人ペルタスト**（前6〜5世紀）
傭兵として活躍したトラキア人たちは、良質な軽装歩兵として知られており、アテネでは治安

維持部隊としても活躍していた。その最大の特徴はカラフルな意匠を織り込んだ服で、プラトンもアテネ人の衣服よりも優れていると(渋々であるが)認めている。頭巾はフェルト製、またはイラストのように狐の毛皮で作られた。ペルシアでも同様の頭巾を着ているが、スキタイ人の影響と言われている。足を完全に覆うブーツは、寒冷な山岳地帯に適応したもの。矢筒には革製のフラップが蓋代わりについている。

●F：ギリシア人騎兵（前5世紀）
重装槍兵の黄金時代は、またその終焉の始まりでもあり、ペロポネソス戦争では、騎兵や軽装歩兵の重要性が広く認識されることになった。この時代の騎兵は、分類上は軽装騎兵にあたる。防具は皆無と言ってよく、わずかに左肩に羽織ったケープを盾代わりにしているに過ぎない。帽子も日よけであり、防具ではない。武器は投槍がメインであり、敵との近接戦は期待されていない。サンダル式の靴を履くギリシア人だが、騎乗の際にはトラキア式のブーツを履いて足を守った。

変革期の重装槍兵 (P6)

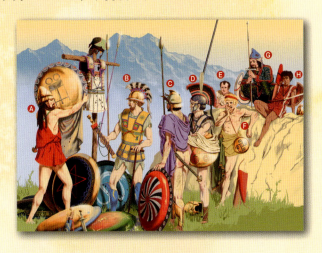

- **A：スパルタ市民兵**（前5世紀半ば～4世紀）
  軽装歩兵や騎兵の活躍に触発され、重装槍兵の装備も機動力を重視して軽装化されるが、その軽装化を極限まで追求したのがスパルタである。鎧や脛当てを捨て去り、盾のみを防具とした。兜もピロス式を採用して、命令伝達や状況判断能力を大幅に改善している。着ている服はエクソミスと呼ばれる作業着。

- **B：重装槍兵**（前5～4世紀）
  リノソラックスは、前5世紀半ばには筋肉型鎧をほぼ完全に駆逐して、鎧の標準形となった。鎧と脛当てはアリストンの墓碑像（前510年頃）を再現したもの。彼の鎧は初期タイプのデザインで、左隣の新デザインの鎧（前475年以降に登場）と比べると、二重になったプテルグスが、ややぼってりとした印象を与える。兜は初期のボイオティア式で、帽子を象った単純なデザインをしている。

- **C：重装歩兵**（前4世紀）
  当時の重装歩兵の中には、裸で戦う兵士も多くいた。盾の文様は螺旋太陽紋といい、スパルタの聖域の浮彫や奉納物などに頻繁に登場する。

- **D：イピクラテス式ペルタスト**（前4世紀）
  4世紀初め頃、アテネの将軍イピクラテスによって新たなタイプの重装槍兵が導入された。機動力と戦闘能力を同時に高めようとしたこの改革は、後のマケドニア式重装槍兵（ファランギタイ）の直接の祖先と言われる。

- **E：ロードス島投石兵**（前5～3世紀）
  当時海洋国家として名高かったロードス島は、スペイン沿岸のバレアレス諸島と並ぶ、投石傭兵の産地でもあった。防具は小型の盾のみで、主武器の投石帯は、当時の弓を凌駕する射程を誇っていたという記録が残っている。

- **F：クレタ人弓兵**
  ギリシア文化圏に属しつつも、クレタ島は、ギリシア本土とは異なった戦闘様式を発展させて

いた。弓兵はその中でも特に有名で、地中海世界最強の勇名を引っ提げて、あらゆる国に傭兵として雇われていた。小型の盾を持ち、戦闘時にはこれを左腕に括り付けて弓を扱ったといわれている。盾にはクノッソス市の紋章である変形鍵十字が描かれている。

●G：スキタイ人傭兵（前5〜4世紀）
スキタイ人傭兵は、優秀な騎兵・軽装歩兵としてギリシア各地で雇われていた。幼い頃から訓練を積んだスキタイ人傭兵は、ある種の精鋭部隊的扱いを受けていたらしい。主武器は強力な複合弓と投槍。近接戦では小型の盾と戦斧、もしくは右足に括り付けた短剣を振るって戦った。左腰に下げている矢筒（ゴリュトス）は弓のケースも兼ねており、倒した敵の髪の毛を房飾りにして取り付ける風習があった。蓋は着脱式で、矢筒をひっくり返すことで、弓と矢を素早く取り出せるようになっている。

●H：後期トラキア人傭兵（前5〜4世紀）
前5世紀に入ると、南トラキア人はギリシア風の衣服を着始める。この服は前4世紀の墓に描かれた壁画を基にした。首から下げている武器はロンパイアという両手剣で、前4世紀前半に登場したと考えられている。

重装槍兵の終焉 (P8)

- **A：ヘレニズム期の旗手（前4〜2世紀）**
 兜はマケドニアのリュソンとカリクレスの墳墓（前3世紀後半から前2世紀）の壁画から再現した。旗の意匠は、セレウコス朝のアンティオコス3世の硬貨を参考にし、マケドニアを象徴する車輪（太陽）の装飾が施されている。

- **B：ヘレニズム期の将軍（前3〜2世紀）**
 マスクのついた兜は、ペルガモン神殿の浮き彫りのものをベースに、金の月桂冠と山羊の角を付けてデザインをした。輪を連ねた腕鎧や馬鎧は、当時のカタフラクトの装備でもある。馬の頭部を守る鎧は、やはりペルガモン神殿の浮き彫りに登場する。馬の首に巻きつけた帯は、ポンペイのアレクサンダー・モザイク（前4世紀末の壁画の模写）にも描かれていたもので、装飾・階級章的な役割をしていたのだろう。

- **C：ペゼタイロイ（前4世紀）**
 フィリッポス2世やアレクサンドロス大王の時代の重装槍兵。兜は安価なピロス式で、ペゼタイロイの色である水色に塗られている。服はポンペイの壁画（前3世紀初めの絵画の模写）を再現した。盾の意匠は貨幣などにみられるデザインに、アレクサンドロス大王と同時代とされるアギオス・アタナシオス墳墓の壁画の色彩を組み合わせた。脛当てはこれまでのものとは違い、帯で結わえつける方式になっている。

- **D：初期マケドニアの部隊指揮官（前4〜3世紀）**
 兵士Cとほぼ同時代の部隊指揮官（ロカゴス）。全体的なイメージはアテネで発見されたアリストナウテスの墓碑（アレクサンドロスと同時代）を基にした。黄金の月桂樹やクレストは、身分証や勲章としての役割があった。盾の意匠はアギオス・アタナシオス墳墓のものを再現した。頬当ては当時の発掘品で、兵士Eがつけているものの初期デザインである。

- **E：ヘレニズム期の重装槍兵（前3〜2世紀）**
 この時代になると、重装槍兵の役割は、騎兵の攻撃が成功するまで戦列を維持することとなり、機動性を犠牲にして重装化が行われる。兜はピロス式からより防御力の高い形式にとってかわられた。リノソラックスはプテルグスが二重になり、下列が上列よりも長く伸びる。

●F：セレウコス朝重装戦象（前3～2世紀）
テラコッタ像などを総合して再現した戦象。青銅製の防具で身を包み、背中には4人乗りの塔（ここでは枝編み細工と解釈した）を載せる。巨大な額当てについたクレストは、象使いを守る盾の役割もしていた。

●G：ヘレニズム期の重装槍兵（前3～2世紀）
鎧の配色は、審判の墳墓（前3世紀初め）の壁画から再現した。そばで燃えている槍は、ローマ軍の火槍で、可燃物を詰め込む籠がついている。

●H：ヘレニズム期の国王親衛隊（前3～2世紀）
国王親衛隊はアゲマとも呼ばれる精鋭部隊で、カタフラクトを配備できるセレウコス朝以外のヘレニズム諸国では、最も重武装の騎兵であり、戦いの勝敗を決定する兵種であった。鎧やケープの色はアギオス・アタナシオスの墳墓をベースに再現した。

●I：ガラティア人傭兵（前3～2世紀）
ガラティア人はケルト人の一支族で、精強な傭兵として各国に雇われていた。この兵士は族長クラスの上級戦士で、金属製の輪を連結したメイルを着こんでいる。服はチェッカー模様の入った色鮮やかなもの。複雑な形状の穂先を持つ槍は、儀式用と言われるが、実戦にも十分耐えうる強度を持つ。

●J：ガラティア人傭兵（前3～2世紀）
この兵士は下級戦士に属し、盾以外の防具を身に着けていない。ケルト人は頭部に魂が宿ると考え、強敵の首を戦利品として切り取る風習があった。

●K：タラント騎兵（前4～3世紀）
イタリア半島南端のタラント市を起源とする騎兵で、各地で傭兵として活躍した。この騎兵は硬貨に描かれた騎兵を参考にしたもの。兜はアッティカ式がイタリアで発展したもので、翼やグリフォンを象ったクレストなど装飾性が強い。盾の紋章は、町の名前の起源でもあるタラス＝ファラントスを描いたもので、現在でもタラント市の紋章に使われている。

●L：エトルリア・ローマ人百人隊長（前3～2世紀）
ギリシアから伝播した装備は、イタリアで独自の発展を遂げた。アプリア型コリント式兜は、兜を頭の上に乗せた状態を象っていて、目などの開口部は装飾としての機能しかない。多くの兜には筋彫りが施されていた（ここではスフィンクスと猪）が、彩色することはあまりなかったようだ。百人隊長の証である横向きのクレスト（クリスタ・トランスウェルサ）は、一束の房飾りを真ん中で分けたものが一般的だった。指揮官クラスの盾には豪華な装飾が施されたが、一般兵の盾は無塗装無装飾だった。鎧は前3～2世紀のエトルリア地方の浮彫を再現したもの。リノソラックスが発展したもので、肩当の幅が狭まり、肩部が露出する。鎧も胸部と腹部の二部に分かれ、胸部には防御力の高い大きめの小札、腹部は伸縮性を重視した小さめの小札で覆っている。

●M：ローマ同盟軍・軍団兵（前3～2世紀）
兜はボエオティア式がイタリアで発展したもので、鍔が横に開き、本来なら顎紐を通したり、顔を防護するための折り込みは、装飾的な溝に変わっている。盾の上下には補強用の金具がつけられていた。鎧はサムニア地方を中心に使われた三円板型で、前後二枚の青銅板を連結して装着する。

古代ギリシア
重装歩兵の戦術

The Ancient Greece: The Tactics of the Heavy Spearmen

長田龍太
Ryuta Osada

目次

第一部：古代ギリシア ... 29

第一章　装　備
- A. 近接武器 ... 38
- B. 防具 ... 46
- C. 飛び道具 ... 75
- D. 防具の効果 ... 82
- E. 防具のコスト ... 84

第二章　戦闘術
- A. アスピスの使用法 ... 85
- B. 槍術 ... 91
- C. 剣術 ... 96
- D. 訓練 ... 97

第三章　編成と組織
- A. 軍の編成 ... 99
- B. 隊列 ... 105

第四章　戦争の実際
- A. 戦争 ... 109
- B. 戦闘 ... 111

第五章　その他の兵種
- A. イピクラテス式ペルタスト (Peltastos) ... 118
- B. 騎兵 (Hippeis) ... 120
- C. 軽装歩兵 (Psiloi) ... 128
- D. 傭兵 (Misthoforikos) ... 131

第二部：マケドニア ... 133

第一章　軍編成
- A. 司令部 ... 135
- B. 歩兵 ... 136
- C. 騎兵 ... 145
- D. 軽装歩兵 ... 150
- E. 砲兵 ... 153

第二章　装　備
- A. 武器 ... 156
- B. 防具 ... 160
- C. 衣服・装飾品など ... 167

第三章　戦　法
- A. 歩兵 ... 174
- B. 騎兵 ... 184

第四章	その他	A. 入隊と訓練	191
		B. 医療	192
		C. 野営地	192
		D. 兵站	194

第三部：ヘレニズム王国　201

第一章	兵　種	A. ファランギタイ（Phalangitai）	203
		B. ツレオフォロイ（Thureophoroi）	206
		C. ロンコフォロイ（Lonchophoroi）	212
		D. トラキタイ（Thorakitai）	212
		E. 戦象	212
		F. 装備	216
第二章	各国の部隊	A. アンティゴノス朝マケドニア	221
		B. セレウコス朝シリア	223
		C. プトレマイオス朝エジプト	232

第四部：ケーススタディ　235

第一章	マンティネアの戦い	A. 状況解説	236
		B. 兵力と布陣	237
		C. 戦闘	240
第二章	ガウガメラの戦い	A. 状況解説	245
		B. 兵力と布陣	246
		C. 両軍の意図	254
		D. 戦闘	254
第三章	マグネシアの戦い	A. 状況解説	260
		B. 戦力と布陣	263
		C. 両軍の意図	270
		D. 戦闘	270

はじめに

　古代ギリシアでは、戦争は日常の一部であった。全土に散らばる無数の都市国家の支配層にとって、国家に対する軍事奉仕は、自らの特権と権益がよって立つ基盤であり、エリートの証であり、平民にとっては家族や共同体を守る神聖な義務であり、略奪品などの臨時収入を得る労働であった。

　このような市民兵主体の軍事システムは、都市国家形成時の紀元前800年頃に誕生し、マケドニア王国によってギリシアが支配される前330年頃までの約500年間続くことになる。この期間は、芸術や言論、哲学や科学という文化的な発展が急速に興った時期であると同時に、ファランクス戦法という他に類を見ない独特の戦法の誕生と成熟、そして消滅の500年でもあった。市民兵が自弁で武装し、他の市民たちと肩を並べて一丸となって戦うこの戦法の中心にあったのは常に「市民」という概念であり、都市国家であった。

　その市民軍であるファランクスが最後に到達した境地が、マケドニア王国軍である。強力な国家によって整備・統制されたその軍は、これまでに類を見ない圧倒的な兵力と練度、そして複数の兵種が互いに補い支えあう、それまでとは次元の違う軍事システムを持っていた。マケドニアが確立したこのシステムは、やがて台頭するローマ軍に敗北するまでの約200年間、古代地中海世界を席巻したのである。

　本書では、この一連の時期、ファランクスの成立からマケドニア式軍制の敗北までの約800年の時代の軍制・装備とその実態を取り扱う。

■年表

年代	ギリシア関連の出来事	その他の出来事
前2800年頃	ミノア文明の始まり。青銅器時代の到来	
前1500年頃	ギリシア本土でミュケーネ文化が誕生する	
前1468年		メギドの戦い。エジプト王トトメス3世、カデシュ軍を撃破
前1400年頃	ミノア文明の崩壊。ミュケーネ文明のクレタ征服	
前1285年		カデシュの戦い。エジプト王ラムセス2世、ヒッタイト軍と交戦
前12世紀ごろ	トロイ戦争	
前1200-1100年頃	ミュケーネ文化の崩壊・青銅器時代の終焉と暗黒時代の始まり	
前10世紀		統一イスラエル王国の黄金期。ダビデ、ソロモン王の治世
前911年		新アッシリア帝国建国
前814年		カルタゴ建国
前800年頃	暗黒時代の終わり・都市国家の台頭・文字の普及・ホメロスの叙事詩の完成・アルカイック期の始まり	
前776年	第一回オリンピック大会の開催	
前753年		ローマ建国
前700-600年頃	ギリシア人による地中海全域への植民	
前685-640年	第一次メッサニア戦争。スパルタがペロポネソス半島に覇権を築く	
前650年頃	リュクルゴスによるスパルタの改革が完成(推定)	
前609年		新アッシリア帝国滅亡
前550年		アケメネス朝ペルシア建国
前509年		ローマで共和制が成立
前508年頃	アテネに民主制が誕生する・古典古代期(クラシック期)の始まり	
前492年	ペルシア戦争の始まり	
前490年	マラトンの戦い	
前480年	テルモピュラエ、サラミスの戦い・アテネ黄金時代の始まり	
前450年頃		ローマで十二表法が制定される
前449年	ペルシア戦争終戦。小アジアのギリシア植民都市解放	
前431年	ペロポネソス戦争の始まり	
前418年	マンティネアの戦い(第四部ケーススタディ1)	
前404年	アテネの全面降伏。ペロポネソス戦争終戦	
前401年		クセノフォンと1万人の傭兵隊のペルシア脱出
前390年		ローマがガリアに占領される・このころまでにローマのティベレ平原の覇権が確立する
前360年		マケドニア王ペルディッカス2世敗死。フィリッポス2世即位
前338年	マケドニア軍のギリシア侵攻・カイロネイアの戦い。マケドニアがギリシアを制覇する	
前336年	フィリップ2世暗殺・アレクサンドロス大王即位	
前334年	マケドニア軍、ペルシアに侵攻開始	
前331年	ガウガメラの戦い(第四部ケーススタディ2)	
前330年	アケメネス朝ペルシア滅亡	
前323年	アレクサンドロス大王死亡・ヘレニズム期の始まり	
前312年	セレウコス朝シリア建国	
前306年	アンティゴノス朝マケドニア建国	
前304年		ローマ、サムニア地方をほぼ制覇。半島南部のギリシア植民都市との抗争始まる。
前280年	ケルト人のギリシア侵攻	ピュロス戦争の始まり
前275年		ピュロス戦争終結・ローマのイタリア南部征服
前272年	ピュロス戦死	
前250年頃	インド・グリーク朝建国	
前247年		パルティア王国建国
前220年頃		インド・グリーク朝、漢帝国と接触
前218年		第二次ポエニ戦争の始まり
前201年		第二次ポエニ戦争終結
前190/189	マグネシアの戦い(第四部ケーススタディ3)	
前168年	アンティゴノス朝マケドニア滅亡	
前167-160年		マカバイ戦争。ユダヤ人ユダ・マカバイが独立を求めて反乱、鎮圧される
前146年		カルタゴ滅亡
前125年	インド・グリーク朝滅亡	
前63年	セレウコス朝シリア滅亡	
前30年	プトレマイオス朝滅亡。ヘレニズム期の終焉	

■古代ギリシアの各地域と主要都市

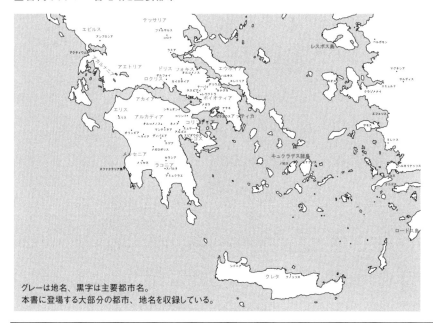

グレーは地名、黒字は主要都市名。
本書に登場する大部分の都市、地名を収録している。

■セレウコス朝とその周辺国

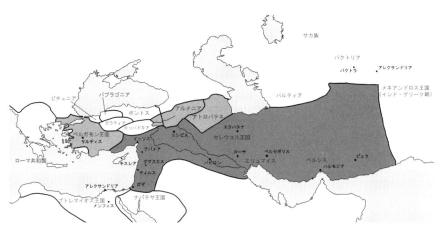

濃いグレーがセレウコス朝領土、薄いグレーを含む領域が最大版図。

■古代マケドニア

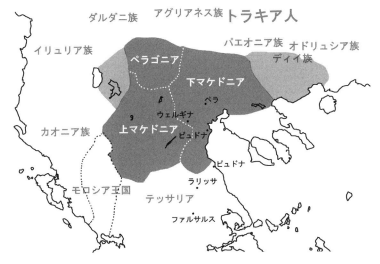

濃いグレーはフィリッポス2世即位期のマケドニア、
薄いグレーは後に併合した地域。

■ヘレニズム期の東方主要都市と、アレクサンドロスの主要会戦

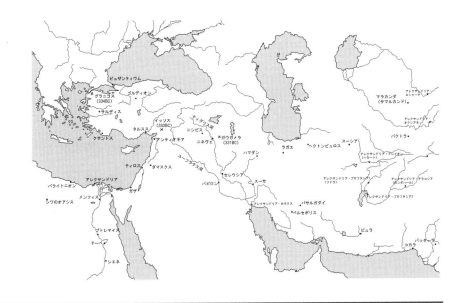

■注記1

ギリシア語やラテン語を表記する際には、長音やアクセントは基本的に表記せず、短音として扱う(例:ホメーロス→ホメロス、トゥーキューディデース→トゥキュディデス)。また、一部の単語は慣習的に使われる名称を採用した(例:ピリッポス→フィリッポス)。

■注記2

部隊の並びや配置を明確にするため、軍隊のユニット(部隊)を示す時は、二重線を引いた側(白色の場合。黒色の場合は白線がある側)にロカゴス(隊列のリーダーで、列の最前列に位置する)が来る。部隊の進行方向や正面は、ユニットのシンボルについた棒で表す。兵種の区分は、歩兵は普通の四角で、騎兵は斜線を入れて表現する。

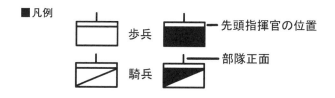

■注記3

兵士の陣形・隊列については、縦に何人連なっているかは「段」を、横に何人並んでいるかは「列」で表している。例えば、縦8人の列が5列横に並ぶ場合は「8段5列」という風に表現する。

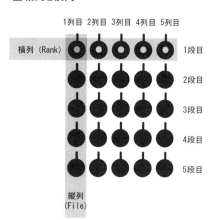

兵種について

　軍隊が戦場において効果的に機能するためには、異なる機能を持つ複数の兵種が協力して、設定された目標に向かって統制される必要がある。諸兵科連合（Combined arms：本書では複合軍、複合部隊と呼ぶ）と呼ばれるこの概念は、古代でも広く知られていた。
　様々な文化・歴史背景を持つ部族や国家の兵種をカテゴライズ化することは一見難しく見えるが、実は歩兵と騎兵の二種類と、それを役割に応じて軽装・重装の二種類に分類した4区分に大別できる。

■軽装と重装

　軽装・重装と書くと、装備（特に防具）の違いのように思われる。確かに軽装歩兵や軽装騎兵と呼ばれる兵種は、重装の兵種と比べると軽武装であることが多い。しかし、軽・重の差は、敵の部隊と近接戦を行うことを第一の役目としているか否かによる。よって、アッシリア重装弓兵のように鎧を着こんでいても、敵との近接戦が考慮されていなければ軽装歩兵であり、ケルト人下級戦士のように敵との近接戦を主目的としていれば、全裸であっても重装歩兵であるといえる。

●重装歩兵 *(Heavy Infantry)*

　古代ギリシアの将軍イピクラテスは、軍隊を人間の体に例え、重装歩兵は胸と胴体であるとしている。軍隊の背骨ともいわれ、古今東西のあらゆる軍隊は、必ずある種の重装歩兵を保有していた。
　敵の攻撃を受け止め、軍全体の隊列を保持する防御的な役割が基本だが、ギリシアやローマのように敵軍を直接粉砕する役割をも持つこともある。彼らは比較的高度に訓練された兵士で、側面と背後を守られた状態で隊列を組んで戦うことでその能力を最大限に発揮できる。圧倒的な防御力と比較的強力な攻撃力を誇る一方で、機動力や柔軟性は低く、軽装歩兵や軽装騎兵などの、敵との正面戦闘を避けるタイプの兵種に対しては、敵を補足することができずに一方的に攻撃されることが多々あった。

●軽装歩兵 *(Light Infantry)*

　イピクラテスによると、軽装歩兵は軍隊の手であるという。彼らは重装歩兵などのいわゆる花形部隊のサポートをする縁の下の力持ちだ。構成もバラエティに富み、強引に徴収された農民から、重装歩兵を超える練度と装備を誇る職業兵士まで多種多様である。多くの場合、飛び道具で武装しており、その軍唯一の遠距離攻撃部隊であることも珍しくない。

　戦場における彼らの役割は、重装歩兵の側面や背後の防御と、遠距離武器を使った攻撃である。敵の軽装歩兵や軽装騎兵を駆逐し、敵重装部隊に矢玉の雨を降らせて、その士気と統制を破壊し、動きを封じ込めることで、主力が敵を撃滅するチャンスを生み出す。ひとたび敵が敗走すると、軽装歩兵はその機動力を生かして敵を追撃して戦果を拡大し、同時に敵が再集合して反撃するのを防ぐのである。重装騎兵、特に戦車や戦象に対して絶大なる威力を発揮することでも知られている。

　しかし、彼らの真価は、戦闘以外の状況で発揮される。行軍中の軍列の側面を進むことで敵の奇襲を警戒、部隊前方の偵察などを行う。地形による制約をほとんど受けない軽装歩兵の偵察能力は抜きんでて優れており、彼らを有効活用したヘレニズム諸王国では、それまでのギリシア諸国軍や、ローマ軍団のように、壊滅的な奇襲攻撃を受けたことがないほどである。また、軽装歩兵は遊撃隊を編成するときの基本兵種でもある。遊撃隊とは、本軍とは独立して行動する部隊で、その機動力を駆使して戦略的に重要な拠点（街道の結節点や狭隘な通り道、高所、砦や城門、敵の見張り台など）を敵より先に押さえて本軍のサポートをすることを目的としている。その踏破力により、障害物の多い地域、山岳地帯や荒れ地などの地形では、軽装歩兵にかなう兵種は存在しない。

　一見万能に見えるが、彼らには攻撃力・防御力の低さという重大な欠点がある。前425年のスファクテリア島の戦い（スパルタ正規軍が史上初めて全面降伏した戦い）では、スパルタ軍を中核とする重装槍兵420人を、1万を超える軽装歩兵が一日中攻撃し続けたにもかかわらず、スパルタ軍が蒙った死者は128人であった。1万の軽装歩兵一人につき投槍3本を投げたとすると、重装槍兵一人を殺すのに250本の投槍が必要（効率0.4％）となる（実際には約800人の弓兵が加わるので、飛び道具の効果はさらに下がる）。また、近接戦に対応していないため、敵の攻撃に対して戦線を維持することができない。

　彼らは敵部隊の直接的な撃破が役目ではなく、戦略的優勢を確保することで、その後に起こる会戦の勝利を導く、いわば戦略兵器ともいえる。

●重装騎兵 *(Heavy Cavalry)*

　イピクラテスは、騎兵を足に例えている。これは手である軽装歩兵と同様に、体である重装歩兵が、自らの義務に専念できる環境を整えることを第一の目的としているからである。しかし、彼の言う騎兵とは、軽装騎兵のことであるので、ここで紹介する重装騎兵には該当しない。もし騎兵が脚であるのなら、重装騎兵は敵を蹴り飛ばす足裏である。

　一般的な重装騎兵は、大柄な兵士と大型の馬、良質の防具と武器を持つエリート部隊であり、他の兵種よりもはるかに優れた練度を持つ。維持費も莫大なため、上流階級出身者で構成されていることがほとんどであった。

　重装騎兵の役割は、最短時間で最大のダメージを与え、敵を粉砕することである。19世紀の戦術書にも、重装騎兵は「攻撃のみであり、停止状態や防御行動には全くの役立たず」とある通り、重装騎兵は攻撃特化の兵種であると言っていい。

　彼らは緊密な隊列を組み、敵に正面から激突することでその効果を最大限に発揮する。自らをはるかに超える巨体を持つ人馬一体の集団がこちらに急接近してくる様子は、最も勇敢な兵士でさえ恐怖心を抱かせるのに十分な迫力を持つ。実際に、突撃の対象になった敵兵は、騎兵の接触前に算を乱して壊走してしまうのが常であり、たとえ踏みとどまった場合でも、その衝撃に耐えうることができる者は少ない。さらに、機動力を生かして戦場を素早く移動し、側面などの敵の弱点を的確につくことができる。

　一方で、装備の重量が馬の体力を奪うため、短期間でその効力を失ってしまうこと、より機動力の高い軽装騎兵や軽装歩兵に側面や背後を突かれることがあること、戦闘中に隊列を崩した場合や、突撃を受け止められて勢いを殺された場合には一転して不利な情勢に置かれてしまうこと、さらには装備や強力な馬を整備・維持するために莫大な資金が必要なことが短所として挙げられる。

　ギリシアでは、重装騎兵はほとんど発達しなかった。市民兵による重装歩兵が軍隊の盾と矛の役割を果たしていたため、攻撃力としての重装騎兵が必要なかったためだ。一方、マケドニアでは、テッサリアという一大騎兵産地と接していたためか、重装騎兵の重要性に早くから気づき、やがてマケドニア軍の主要な攻撃手段として発展していく。

　重装騎兵の本場は、重装騎兵発祥の地でもある中近東である（最初の重装騎兵はアッシリアのティグラト・ピレセル3世（前745-727年）の治世に登場する）。莫大な財力と、メソポタミア地方の栄養に富む牧草から生まれた頑強な馬に加え、軽装歩兵を偏重する伝統から、重装騎兵は敵軍に止めの一撃を加える拳としての機能を持たされていたのだ。

●軽装騎兵 *(Light Cavalry)*

　軽装歩兵と軽装騎兵は、ほぼ同じ役割を果たしている。踏破能力と小回りに優れる軽装歩兵に対し、軽装騎兵はスピードに優れ、平坦な土地でその真価を発揮する。

　そのスピードを利用し、戦場ではあらゆる場所に瞬時に移動し、味方部隊の援護や敵の弱点への攻撃を行うほか、敵部隊をけん制して動きを封じたり、または誘いだし、敗走する敵の追撃などの様々な役目を果たす。通常、戦場で最も高速の部隊であるため、敵の追撃を受けることがほとんどない。両軍向かい合っての会戦だけでなく、移動中や休息中の敵部隊を奇襲することも得意とする。直接的な軍事行動ではないが、伝令として最適の兵種で、軍隊の神経として不可欠な存在である。

　一方の弱点としては、軽装歩兵と同様に、攻撃力が低いために敵に決定打を与えられないことや、歩兵と比べて踏破能力に劣ること、馬の食料などが必要になるために物資の負担が高いということである。

　古代世界においては、軽装騎兵は騎兵の中核であり、軍のサポート役として重要な位置を占めていた。特に、重装歩兵を中核とするギリシア、共和制・初期帝政ローマ軍では唯一の騎兵戦力として活躍した。

第一部
古代ギリシア

導入：重装槍兵の誕生

　重装槍兵は、ホプライトともいう。アスピスと呼ばれる丸盾とドリュと呼ばれる槍を装備し、ファランクスという緊密な隊列を組んで戦う重装歩兵の一種である。彼らは、古代ギリシア文明（古典古代期とも。前8〜4世紀）とその後のヘレニズム文明（アレクサンドロスの将軍たちの王国の興亡期。前4〜1世紀）の盛衰を共に歩み、最終的にローマ軍団に圧倒されるまでの約700年間、戦場の王として地中海世界に君臨した。

　その武装や戦闘方法は、青銅器時代の最後を飾ったミケーネ文明崩壊（前12世紀頃）後の暗黒時代（前12〜8世紀）に起源を持つとされる。その成立の経緯は、発掘品や壺絵の他に、前8世紀のホメロス（数世紀に渡って叙事詩を発展させてきた詩人集団の総称。または叙事詩を現在に伝わる最終形態にまとめ上げた詩人の仮称）、前7世紀の詩人スパルタのティルタイオスや、パロスの詩人アルキロコスの作品などから推測できる。

　それによると、ミケーネ文明の崩壊後、戦争の形態が有力貴族同士の個人戦から、集団戦へと移行した。軍の構成も、戦車に搭乗した重武装の貴族に率いられた軽装歩兵の集団（ミケーネ文明期）→重装歩兵と軽装歩兵（プラス騎兵と戦車）の複合部隊（暗黒時代から古典古代初期）→重装槍兵と変遷する。装備も大型盾と投槍（1本）に長剣（青銅器時代）→中型の円盾に投槍（1本）と短めの剣（暗黒時代）→中型の円盾と投槍または遠近両用の槍2本と剣（前8世紀頃）と変化する。その後投槍が廃れて中型の円盾と近接戦用の槍と剣という重装槍兵の装備に落ち着くのである。

ミュケーネ文明期の戦士たち。中央の二人に見られるように、当時の剣は刺突中心で、斬撃が多く見られる後世の技法とは異なる。右の兵士は、中央上部が突き出した大型の盾を肩から吊るし、両手持ちの長槍を振るっている。兜は猪の牙を使ったもので、ホメロスの詩にも登場する。

戦士の壺。詳細にミュケーネ文明末期の戦士を描写した作品。角とクレストを付けた兜は、彩色した青銅製か、革・リネン製、もしくは青銅製の本体の上に覆いをかぶせたものと推測されている。鎧を着けている様子はなく、長袖の服と布製の脛当てを着ている。盾は下部を切り取った三日月形。槍についている袋のようなものは、何らかのバッグとされているが、筆者は投げ紐だろうと考えている。前1200年。

上図の裏面。こちらの兵士は円形の盾を持つ。振り上げた槍は、指を伸ばして持っているので、投槍であることがわかる。前1200年。

　ホメロスの叙事詩に登場する英雄は、体を覆う巨大な盾、投槍、剣という青銅器時代の装備に身を包んでいる。戦車に乗って戦場を駆け、敵に遭遇すると戦車から飛び降り、罵倒を交わしたのちに槍を投げつけ、敵がまだ生きていれば剣を抜いて躍り掛かる。この戦闘法は青銅器時代か、少なくとも暗黒時代初期のものであろう。というのも、いくつかの場面で、槍を2本持つ英雄が登場するが、彼が実際に戦うシーンでは、槍を1本投げつけた後に剣を抜くという、いつものパターンが登場する。これは、初期の兵士は槍1本を持っていたが、その後、時代の状況に合うように槍を2本に改変した痕跡であり、装備の変化の時系列を知ることができる。

　近接戦では槍は2本も必要ないので、槍のうち少なくとも1本は投擲用で、もう1本は近接戦用（または遠近両用）であると考えるのが自然だろう。チギの壺と呼ば

31

れる有名な壺絵(前650年頃のコリント産)には、隊列を組んで行進する重装槍兵の姿が登場するが、彼らは槍を2本装備しており、投擲用の投げ紐(Ankyle、ギリシア語：Agkulē)の存在も確認できる。同時期に制作された壺絵の多くにも、宙を飛ぶ槍が描かれている通り、投槍は当時の標準装備であった。チギの壺絵の兵士は近接戦でも槍を使い、剣を抜いている者はいない。詩人が改変した2本槍の兵士はこの壺絵の戦士を念頭に置いたものであり、剣士から槍兵へと変化した時代を反映している。

左の重装槍兵はボイオティア式盾に槍を二本持つ最初期のスタイル。右は軽装歩兵と思われる兵士たちが戦っている。性器の表現があることから、彼らは全裸で戦っていたと思われる。前8世紀。

戦場を走る戦車。前8世紀でも、戦車はまだ使われていたらしいことがわかる。戦車後方には従者とボイオティア式盾を持つ兵士が、戦車の前には馬丁がいる。パロス島、前750年頃。

戦車と兵士たち。この時代はボイオティア式が盾の大半を占める。兵士たちの腰には剣が水平に吊るされている。兵士は槍を2本持っている。前8世紀。

兵士たちの兜は、後世のような上に立ち上がるタイプのクレストと思われるものがついている。右の兵士はほとんど見切れているが、ドーム状の盾を持つ。しかし、頭部との位置関係から、手持ち式であろう。前8世紀。

左手の盾は、おそらく枝編み細工と思われる線が入っている。ドーム型だが、小型で手持ち式。アスピスの原型である可能性もある。さらに2本の投槍を持つ。兜はひょっとしたらコリント式かそれに類するものかもしれない。前8世紀。

盾の角度に注目。兵士たちの右手は、常に人差し指が伸びており、槍が投槍であることを示している。ロードス島。

初期から中期にかけての重装槍兵。右の兵士は投槍を左手に持っており、この時期にも投槍を装備した兵士がいたことを示している。前650～630年。

しかし、ホメロスから約50年後のティルタイオスやアルキロコスの詩に登場する兵士は近接戦専用の槍のみを持つ。投槍が廃れた過程や原因についてはよくわかっていないが、おそらく重装歩兵の防御力が非常に高く、重装槍兵が投槍を装備する必要性が薄れたことが原因の一つなのだろう。ギリシアは山がちであるため間道が多く、国境で待ち伏せるよりも、敵の目的地である自国の耕作地帯（平野）で待ち受けて決戦を挑むほうが確実に敵を補足できる。しかも、全員一丸になってとにかく前の兵士に従って戦えばいい集団戦術は、訓練の機会がほとんどない市民兵を即戦力にするのに有効である上に、平地での戦闘に適している。平地での決戦戦法が広まるにつれ、市民兵の重武装化が進み、近接戦主体の重装槍兵（ホプリテス）が誕生したのだろう。

近接戦闘に特化した重装槍兵であるが、初期の段階では、まだ重装槍兵と軽装歩兵が混然としていた。重装歩兵は盾で軽装歩兵をカバーし、軽装歩兵はその背後から敵に向かって飛び道具を浴びせかけるのだ。前6世紀の壺絵にも重装歩兵と軽装歩兵が入り混じるように描かれていることから、この戦法は、我々が想像するよりもはるかに長期間に渡って使われてきたと思われる。

トラキア人弓兵と重装槍兵。おそらく、初期のファランクスもこのように重装槍兵と軽装歩兵が連携していたのだろう。

重装槍兵を語る上で必要不可欠なのがファランクス（φάλαγξ「丸太・材木」）と呼ばれる隊列である。ファランクスは「隊列」を意味する一般名詞だが、本書では、ファランクスはホプリテスという重装槍兵のみで構成された、緊密な戦闘隊列を指す。

ファランクス戦法は、前7、8世紀頃に円盾（アスピス）が発明されたことで誕生したといわれている。しかし、前述の軽装歩兵と重装槍兵の混合隊列を見てわかる通り、アスピスとファランクスの相関関係は低い。おそらく、単純に重装槍兵を破るために重装槍兵で対抗した結果が、ファランクス戦法なのであろう。ホメロスの叙事詩に歩兵たちが緊密な隊列を組んで戦うことを示唆する描写が登場し、これをファランクスの原型と見る意見もある（実際にファランクスという単語を使っている）が、兵士たちを指揮統制するには、ある程度の整然とした隊列が不可欠であることから、整然とした隊列の描写のみを挙げてファランクスの誕生を主張することはできない。チギの壺の兵士たちはファランクスを組んでいるといわれるが、よく見ると、この壺絵は、一団となった部隊を表現しているよりも、同じ隊列を時系列順に描いており、それが

縦深のある隊列に見えるだけである。よって、この壺絵を引いて、ファランクス隊列であるとすることは早計であろう。

　以下の章では、重装槍兵やファランクスの実際とは何かについて考察していく。

現存する最古の重装槍兵の描写。フェニキアの銀皿。右にはおそらくアッシリア帝国の傭兵と思われる重装槍兵隊が、今まさに攻城梯子を登ろうとしているところ。守備側にも傭兵らしき重装槍兵の姿が見える。兜はイリュリア式。盾の持ち方が、右のアッシリア歩兵と全く違うことに注目。前700～675年。

チギの壺絵1。左は野営地で装備をつけ、戦場に赴く兵士。地面に突き立てている槍に投げ紐がついていることから、遠近両用の槍だとわかる。盾は、持ち手の所に体と持ち手を守るための追加防御板と、おそらく盾本体の構造を示す模様が入っている。右の兵士は戦場に駆け足で向かっている。最も手前の兵士は、下半身のみをむき出しにしていて、この状態で戦場に行く兵士が実際にいたことを証明している。コリント製作、国立エトルリア博物館蔵、前650～640年。

チギの壺絵2。戦場の様子。兵士たちは槍を上手持ちにして戦っている。左手に予備の槍を持つことから、実際には近接戦寸前に槍を投げつける瞬間を描いているのかもしれない。左には隊列のリズムを整える笛吹きがいる。兵士の腰巻の描写が笛吹きのそれとは違うことから、運動用の褌タイプの腰巻があったのかもしれない。

チギの壺絵、全景。

第一部　古代ギリシア

裸体の兵士

　裸体で戦う兵士の姿は、当時の彫刻や壺絵などにたびたび登場する。しかし、実際に当時の兵士たちが裸体のまま戦っていたのか、現在でもはっきりとしていない。

■裸体否定派の意見

1. 古代ギリシアにおける肉体美の表現。
2. 肉体や顔などを描くことで画家の技術を見せるため
（現代のファンタジーアートで兜を着用しない人物が描かれるのと同じ理由）。
3. 敵の異質さ（外国人など）や臆病さに相対する、勇気や男らしさの象徴。
4. 古代の著者による記述には、兵士が服や鎧を着用していたと思わせる記述が多数見られる。
5. スパルタのイシダスという若者が誰よりも勇敢に戦いながらも
「鎧をつけていない」ということで罰金を受けたという有名な逸話がある。

■裸体肯定派の意見

1. 像やレリーフの中には、上半身に鎧をつけ、下半身がむき出しのものがある。もしも裸体が肉体美の表現であれば、このような表現は不可解である。
2. たとえ服を着ていたという記述があっても、それがそのまま裸体での戦闘を否定することはならない。戦場では動きやすさや暑さ対策で服を（少なくともある程度は）脱いでいたということも充分あり得る。
3. 当時の社会は現代のものとは違い、露出の高さに許容が高い。裸体の像や人形、魔よけとしてのペニスなどが普通に町中にあり、当時の運動選手は全裸で競技した。そのため、裸体の露出は現代ほど破廉恥でも不道徳でもなかった。
4. イシダスの逸話は正確には「HoplaもHimationもつけずに」戦ったことである。Hoplaは「武装」を指す言葉であり、ヒマチオンは衣服のことなので、ここでいうHoplaとは、鎧でなく盾を指す。実際、彼は片手に槍、もう片手に剣を持って戦っている。なぜ盾を持たないことが罰金になったかというと、鎧や兜は個々人を守るものであるが、盾は自分だけではなく隣の戦友を、ひいては部隊全体を守るものだからだ。

Column

結論として、猛暑の中従軍する兵士は、かなりの量の服を脱いでいたと思われる。裸体の兵士の一部はマント状の布を肩からかけているものがいるが、これは簡単な日よけか、現代アスリートのように戦闘直前まで体に巻いて体温を維持していたものかもしれない。

この裸体が登場し始める前5世紀ごろは、密集隊列による戦法が採用され始めた時期と一致する。盾を重ねる戦法が普及したので、鎧の必要性が減少し、スタミナの維持と機動力の上昇を求めた結果なのだろう。特にスパルタは、この傾向が強いといわれ、ペロポネソス戦争期には鎧を全廃している。

サルディニア島出土の指輪。カルタゴ軍のギリシア人傭兵を彫り込んだもの。全裸にケープと盾のみの装備で、槍を抱え持ちで構える。ギリシアと関係ない文化の遺物にも全裸で登場することから、当時の兵士の中には全裸の者もいたということはかなり信憑性がある。

死者(アキレウス?)を担ぐアイアス。上半身を筋肉型鎧で覆うが、下半身はむき出しの裸である。

青銅の浮彫。おそらくスパルタ兵を描いたもので、鎧を着込み、下半身をむき出しにしている。

第一部　古代ギリシア

第1章 装備

　古代ギリシアの戦術を語るには、何よりもまず兵士たちの装備について解説する必要があるだろう。なお、ここで紹介する装備は重装槍兵のものだけではなく、軽装歩兵や騎兵のものも含まれている。

出征の準備をする兵士。様々な準備段階や装備の保管法がわかる珍しい例。左の兵士は盾の覆いを外しているところ。壁にはバッグ、机の上にはケープがある。その隣の兵士は剣を肩にかけるところ。隣の子供(奴隷?)は彼に兜と、枝を持つケンタウロスが描かれた盾を手渡そうとしている。槍を拭いている人物の隣の兵士は脛当てを着けているところ。床には盾と兜が置かれ、剣は壁の釘に掛けられ、兜は棚に置かれている。

🅐 近接武器

1. 槍 (Doru, Dory)

　重装槍兵の主武器はドリュと呼ばれる槍である。

　全長183～305cm、重量1～2kgとされており、一般的には全長2.4m前後とされている。壺絵などの絵画資料を基にすると、使用者の身長の1.5倍程度。当時のギリシア人の平均身長は約170cmなので、255cm（±10%の偏差を考慮すると、230～280cmほ

兵士の背と槍の長さが、ほぼ現実と同じに描かれている珍しい例。兜には頬当ての裏側にまで彩色されている。リノソラクス(リネン製の鎧)の胴体右側に合わせと思われる線が走っている。

ど)前後と推定されている。

　マケドニアのヴェルギナの墳墓出土の槍は、穂先(全長27.5cm)と石突(全長6.3cm)が当時の状態のままに発見され、さらにこれらの間には木の破片も見つかっているため、全長を正確に測定できる。この槍の柄の長さは188.2cm、穂先なども含めた全長は222cmとなり、前述の推定値をはるかに下回るが、それはこの槍が投槍であるためである(理由は後述)。

■穂先 (Akoke、Epidoratis)

　穂先は、木の葉型のものが一般的である。オリンピア出土の穂先を平均化すると、全長279mm、幅31mm、重量153g、頭部長さ202mm、ソケット長さ77mm、ソケット内径18mmとなり、マケドニアのヴェルギナ出土の穂先は全長270～350mm、コリント出土のものは推定復元全長200mm、オリントス出土のものは推定復元全長250mmとなる。全長93mmのものも出土しており、意外とサイズの幅は広い。

　これらの槍は常にソケット式で、ソケットに柄を挿入して固定する。ソケット部に固定用の釘穴を持つものは非常にまれで、接着剤を使って固定していた。

　ほとんどは鉄製であるが、前5世紀に青銅製の穂先が導入されたことがあった。鉄製と性能的にあまり差がなかったのか(鋼の製法はまだ確立していなかった)、腐食しない青銅を使うことで、メンテナンスの容易さを狙ったのかもしれない。

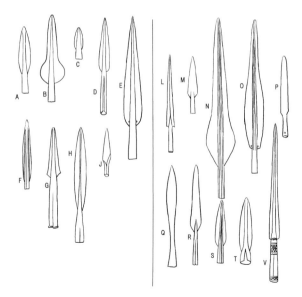

スノッドグラスによる穂先の分類。重装槍兵に使われた槍はタイプJが最も一般的で、次にタイプMという。それ以外の穂先の多くは青銅器時代のもので、重装槍兵の誕生と時を同じくして、槍の穂先は完成形に至ったことがわかる。

第一部　古代ギリシア

■柄（Kamax）

材質はトネリコが最も一般的であるが、山茱萸（Cornerian Cherry）も使われていたらしい。

直径は25mmとされている。槍の穂先や石突のソケット内径が17〜19mmであることから、直径19mmを柄の太さとする向きもあるが、レプリカを使った検証では、槍が自重で撓り、槍を突き出した時には穂先が激しく震えるため、実用に耐えず、直径25mmのものが実戦での使用に耐えうる強度と軽量さを兼ね合わせた理想的な数値であるとされている。

また、アキレスの壺の槍は、穂先に行くにしたがって柄が細くなっている。これは槍の重心を後方に移動させ、リーチを伸ばすためだ。また、この壺絵の槍は、握り部分に革が巻かれているため、槍の全長とリーチの比率を見ることができる。

アキレスの壺。身長に対する槍の長さや握りの位置の対比、さらに槍の細部が見える貴重な例。握りは穂先から3分の2の所にある。握りの革を走るジグザグは縫い目。リノソラクスの長さがはっきりとわかる。

■石突（Sauroter, Styrax, Ouriachos）

「トカゲ突き（Sauroter）」という名前は、木の枝でトカゲを刺す子供の遊びが由来とされている。青銅製のものが一般的だが、鉄製のものもみられる。全長9〜40cmとサイズの幅が広く、直径20〜30mm、ソケット内径は約19mmのものが最も多い。形状は角錐・円錐形のものが最も多くみられる。

■石突の種類と平均データ

タイプ	全長(mm)	最大幅(mm)	重量(g)	ソケット内径(mm)
青銅製ロングポイント型	259	21	329	18
青銅製ショートポイント型	160	21	237	19
青銅製スモールノブ型	221	24	689	25
鉄製ロングポイント型	301	25	545	23
鉄製ショートポイント型	203	23	308	22

第 1 章 装備

これとは他に、キャップ型の石突もある。ヴェルギナの墳墓から出土したものは全長6.3cmで、オリンピアからも同様のものが出土している。しかし、これらは投槍用のステュラキオン（Styrakion、Styrax）であるとされている。

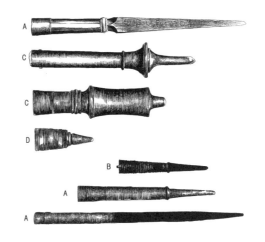

様々な石突。
A：ロングポイント型。
B：ショートポイント型。
C：スモールノブ型。
D：投槍用のキャップ型。

■重量

1〜2kgの間と言われているが、柄材の比重を$13.6g/in^3$として計算すると、直径25mm、長さ213cmの柄の重量が907gで、これに平均的な穂先と石突を加えた1332gが、計算上の重量ということになる。

■重

槍は片手で使うため、槍の重心位置はそのまま握りの位置になり、槍のリーチを決定する。発掘された石突の中には鉛の帯を巻きつけて重心位置を調整したものがあり、それほど重心の位置は重要であった。

マシューは、重装槍兵の戦闘法を研究した本で、重心の計算方程式を記しているが、これを柄の直径が25mmの円筒形の柄を持つ槍に当てはめた場合、重心位置は石突先端から89cmの所に来る。これは「アキレスの壺」に描かれた槍のグリップの位置とほぼ一致する。

左の兵士（スパルタ兵）はピロスと盾のみを装備する。槍の全長と重心位置の関係がよくわかる希少な例。

第一部　古代ギリシア

前述のヴェルギナ出土の槍は、穂先と石突がほぼ同重量のため、バランスは槍の中央付近に来る（石突先端から109cm）が、これはこの槍が投槍であるためだ。ドリュのように重心が後方にある場合は、空中で穂先が上がってしまうので、重心を中央より少し前に持ってくる必要がある。

2. カマクス（Kamax）

「葦」という名前の騎兵用の槍で、クセノフォンは「葦槍（Doratus Kamakinou）」と呼んでいる。おそらくテッサリア起源で、前5世紀末頃に採用された。ドリュよりやや長い全長270〜300cmほどで、細身の穂先を持つと推定されており、ドリュと似た形状の石突をもつ。また、馬に乗る時の支えや、ステップ代わりにも使われたという。

アテネ騎兵の墓碑。ペタソス（帽子）を被っているが、ケープは着ていない。手に持つ槍は投槍とカマックス。カマックスの長さと、石突の形状がよくわかる。前400年。

3. 剣

剣はバックアップ用の武器で、古代ギリシア語には、槍使いや盾使いという単語はあるが、剣士という単語はない。当時の剣はその形状によって3種類に分かれるが、どのタイプでも肩にかけた剣帯からぶら下げていた。

■コピス（Kopis）

最も一般的な刀。内反りの片刃で、切っ先付近が分厚くなるため、剣のバランスがトップヘビーになり、より強力な斬撃を繰り出せる。名前の由来はギリシア語で「切る、打つ」を意味するKoptōといわれている。刃渡り約65cm、全長約80cmで、マケドニアのものよりも長い。手に巻きつくような独特な握りを持ち、剣がすっぽ抜けないようになっている。イタリアでも広く使われた。スペイン南部のケルト人部族の使うファルカタとほぼ同じ形状だが、全く別系統の武器が偶然に同一の形状になったものだ。ネパールのククリ・ナイフの祖先であるという説もある。

第 1 章 装備

青銅の片刃の短刀で、コピスの祖先とされている。全長66〜72cmほどが一般的だった。イラストの刀は前1500年頃のもの。

コピス。通常のものよりも大分短い。現代のナイフのように、茎を握りでサンドイッチする構造。前5〜3世紀。

■マカイラ（Makhaira, Machaira）

「戦い（mákhe）」が語源とされる。本来はあらゆる刃物類を指す一般名詞だが、専門的には片刃の刀を指す。現在は刃の背が真っ直ぐなものはマカイラ、それ以外はコピスと分類している。クセノフォンは、高所から攻撃するには、突きよりも斬撃の方が適しているという理由で、騎兵にはコピスやマカイラの方が適していると述べている。これらの剣は振り回すために大きなスペースが必要で、ファランクスが現代言われているように密集した隊列ではない可能性を示唆している。

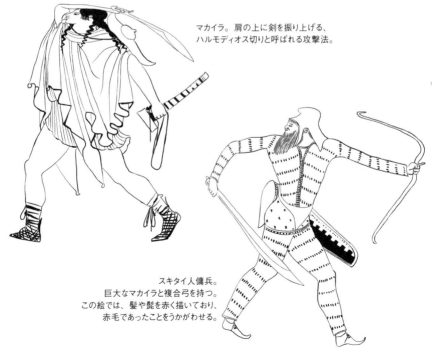

マカイラ。肩の上に剣を振り上げる、ハルモディオス切りと呼ばれる攻撃法。

スキタイ人傭兵。巨大なマカイラと複合弓を持つ。この絵では、髪や髭を赤く描いており、赤毛であったことをうかがわせる。

43

第一部 古代ギリシア

■シポス（Xiphos）

　両刃の直剣で、当時一般的であった木の葉状の刃を持ち、中心に強度を増すためのリブが走る。一般的なシポスは刃渡り50～60cm（西ロクリス出土の剣は全長48cm、柄の長さ8.5cm）だが、スパルタの剣（Encheiridion）は30cm前後と短いのが特徴であった。他のタイプの剣とは違い、刺突メインの武器であるが、斬撃にも十分に対応している。

ギリシア本土からはシポスの現物は見つかっておらず、これはイタリア出土のもの。古代の剣によく見られる木の葉型の刃、真ん中が膨らんだグリップに円筒形の柄頭、四角形の鍔と壺絵などと同じ形状をしている。鞘も、広がる先端部や、鍔を収めるために広がった鍔口など、壺絵によく見られる特徴に一致する。

ピロスとケープを羽織った兵士。右手の剣の短さから、スパルタ兵であると推測できるが、一般的なスパルタ人と違い、髭を剃って髪を短く刈り込んでいる。なので、当時流行っていたスパルタマニアの愛好家かもしれない。左手に持っている物は剣の鞘。ボイオティア、前390年。

アテネの墓標。故人は地面に倒れているスパルタ兵でピロスとケープ以外身に纏っていない。手に持っているのはスパルタ特有の短剣で、その短さがよくわかる。

おそらくアキレウスの武具を求めて争うアイアスとオデュッセウスの図。中央の人物（アガメムノン?）が着ているのは多分スポラス。左の人物の右肩当ては、紐が切れたのか跳ね上がってしまっている。中央下にある兜は、頬当てに彩色が、額に前髪を象った打ち出しが施されている。

第1章 装備

4．戦斧（Sagaris）

　絵画資料では主に蛮族（トラキア、スキタイ、ペルシア、アマゾン）の使う武器として登場し、ホメロスでもトロイ側の戦士の武器としてPelekus、Axineという名で登場する。ギリシア人が戦斧を使った確実な証拠はないが、カリフォルニア大学博物館にある兜には、戦斧によってつけられたと思われる跡があること、重装槍兵が誕生する以前には、それなりに使われていたことなどから、非常にまれなケースではあるが、戦斧を使うこともあったと思われる。ちなみに、両頭の戦斧はラブリュス（Labrys）といい、迷宮を意味するラビリンスの語源でもある。
　メイスやハンマーは青銅器時代には使われていたが、暗黒時代以降姿を消している。

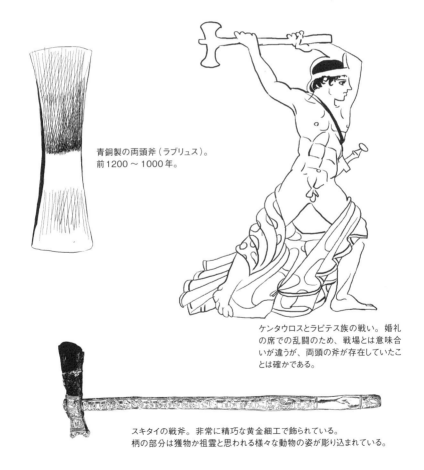

青銅製の両頭斧（ラブリュス）。
前1200～1000年。

ケンタウロスとラピテス族の戦い。婚礼の席での乱闘のため、戦場とは意味合いが違うが、両頭の斧が存在していたことは確かである。

スキタイの戦斧。非常に精巧な黄金細工で飾られている。
柄の部分は獲物か祖霊と思われる様々な動物の姿が彫り込まれている。

防具

当時の防具は、ほぼ例外なく青銅製で、鉄製の防具は存在していなかった(革・布製は存在した)。トラキア地方からは、喉、腕、下腹部を守る部分に鉄を使った前5世紀末の青銅製鎧が発見されていることや、後のヘレニズム期には鉄製防具が使われたことから、鉄製防具の欠如は技術的な問題ではなく、社会的・心理的理由によると言える。しかし、何がギリシア人をそこまで青銅製防具に執着させたのかは、未だにわかっていない。

当時の鎧や兜はカラフルに塗られていた。彫像などに残された塗料の痕跡を見ると、原色で派手なものが多く、現代人からすると目が痛くなる色彩のものもあった。

1. 盾(Aspis)

アルゴス式盾(Argive shield)とも呼ばれる重装槍兵のシグネチャー・アイテムである。以前では、盾をホプロンと呼び、ホプリテスとはホプロンを持つ兵士という解説が多かったが、ホプロンは武器・防具を指す一般名詞であり「ホプリテス」は単に「装甲兵」「重装歩兵」「武装兵」を指す。これは、初期の重装槍兵がパノプロイ(重装兵)と呼ばれていたことと共通する。

前7世紀(前8世紀の説も)に登場し、以降3世紀に渡ってその形状にほとんど変化がない。亜種として、ディピュロン式またはボイオティア式という盾もある(別項で解説)。非常に特徴的な外見をしており、一見して見逃すことはない。全体的な形状は皿状に膨らむ円形(もしくはわずかな楕円形)。最外縁はリムになっていて、これが本体の構造を支えている。初期のアスピスは浅いドーム状だが、後に中央部が平らな皿型になる。

初期と後期アスピスの湾曲の違い。

直径80〜122cm、深さ10cmで、リム幅5〜7cm。推定重量6〜8kgの中・大型の盾である。正円形が多いとされているが、アテネから出土したスパルタ製の盾のように、楕円形(長辺95cm、短辺83cm)のものもあった。

表面には青銅の薄板を接着するが、発掘品を見ると、リム部のみに取り付けることが多かったようだ。というのも、直径1mの盾を厚さ0.6mmの青銅板で覆った場合、4.041kg(錫292g、銅3.749kg)、実に兜4つ分の青銅が必要になるからだ。

第 1 章 装備

　内側には革を張り、場合によっては左腕が来る部分に革や青銅板などを張り付けて防護とした。中央にはポルパクス（Porpax）と呼ばれるバンドがあり、ここに腕を通して、本体とリム部の境目付近にあるグリップを握ることで保持する。このグリップはアンティラベ（Antilabe）と呼ばれる盾の内側を一周するロープの一部であることもある。また、本来のグリップの反対側にスペアのグリップを持つ盾もある。この持ち方により、盾をよりしっかりと保持することができる上に、腕全体で盾を支えるために左腕の負担が少ない。さらに、皿状の本体を肩に引っ掛けるようにすれば、腕への負担をより軽減できる。この他にも、盾を補強するための青銅製のフレームがつくこともある。壺絵や浮彫の中には、肩紐の存在を示唆するものがあるが、一般的ではなかった。

アスピスの覆いとポルパクス。前7世紀。

非常に珍しい肩紐付きのアスピス。

テラコッタの浮彫。角笛を吹いている兵士は、肩紐を使ってアスピスを背負う。肩紐は鎖らしき固定具に結わえられている。トラキア、アポロニア・ポンティカ出土。

上段中央の兵士は、盾を上段に構えて頭部をガードしている。盾の内側に見えるグレーの帯は、おそらく肩紐。下段の男性戦士は、槍を抱え持ちにし、筋肉型鎧の下にプテルグスのついた鎧下を着込んでいる。

47

第一部 古代ギリシア

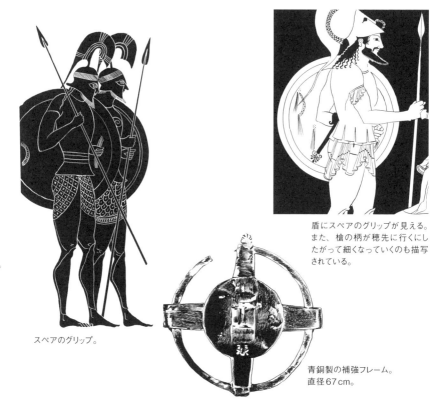

盾にスペアのグリップが見える。また、槍の柄が穂先に行くにしたがって細くなっていくのも描写されている。

スペアのグリップ。

青銅製の補強フレーム。直径67cm。

　本体の木製部分が現存する唯一の盾は、イタリアのエトルリア地方から出土したもの(現バチカン博物館蔵)であるが、この盾は一辺20cmの角材を横に並べて貼り合せた板を彫り抜いて全体を作り、リム部にさらに追加の板を張り付けて厚さを増している。

　しかし、この方法が唯一の製法であるという確証はなく、おそらく数種類の製法が存在していたと考えられている。例えば、チギ壺絵の盾の背面は、すり鉢の中のような平行線が引かれている。この奇妙な模様は、盾の構造を示しているという説がある。まずリム部を作り、そこに板をはめ込んでいくと、板が撓ってアスピスの特徴的な形状ができるというのだ。この方法は木の弾力を利用するもので、レプリカを使った実験では飛来した矢を逆に数m も弾き返すほどの性能があるという。また、オリュントス出土の盾は、ローマの盾のように薄い板を張り合わせるベニヤ構造になっている可能性が示唆されている。

　また、青銅製のリムには、蔓編み細工の模様を文様化した意匠が施されているものもあることから、初期のアスピスは木製ではなく、蔓編み細工の本体の上に革や青銅板をかぶせたものだったのではないのかという説もある。

第 1 章 装備

アスピスの厚さは、中央で10〜11mm、リム部で12〜18mmである。通常の盾は、柔軟性を増して盾にかかるストレスを減少させるために縁が薄くなっているが、アスピスはこれとは逆に、縁を厚くして剛性を増している。

前475年以降、盾の下に布または革の垂をつけることがある。これは、当時一般的になりつつあった飛び道具から足を守るためといわれている。

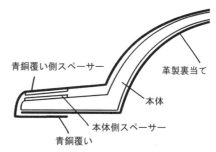

バチカン博物館蔵のアスピスの構造図。リム部には、スペーサーが接着されていて、青銅の覆いは盾に密着していなかったと思われる。

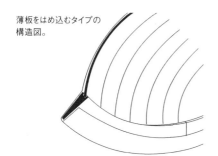

薄板をはめ込むタイプの構造図。

盾の垂れ幕。釘か鋲で留めているのがはっきりとわかる。

盾の垂には、魔除けのメデューサの瞳が描かれている。左の兵士は、腰にゴリュトス(弓ケース付き箙)があることから、重装槍兵と兼用の弓兵であろう。

重装槍兵。盾から下がる垂は、模様からトラキア製と思われる。鋲で留めている他の盾とは違い、金属製の板で垂を押さえ、その上で鋲止めしているようだ。盾の文様は木の枝を持つケンタウロス。兜には細かい彩色が施されている。

49

第一部　古代ギリシア

　ポルパクスの位置により、盾を持った時に左肘後方に盾の半分以上が突き出すため、防御の効率が悪く見える。しかし、盾中央に左肘が来るということは、前腕の回転軸が丁度盾の中心に来るということであり、肘から先が動いてもカバー範囲が変わらないようになっている。

　それまでの体全体を覆う盾を改良して、移動時に盾に足がぶつかるのを防ぎ、機動力を向上させたものがアスピスであるという説もある。ただし中型とはいえそれでも十分大きく重いため、走ったりするのには向いていない。そのため、逃走時には真っ先に投げ捨てられる装備であり「盾を捨てた者（Rhiasaspis）」は臆病者を指す言葉であった。また、スパルタでは、奴隷たちの反乱を恐れ、戦争期以外ではポルパクスを外して盾を使用不能にしていたといわれている。

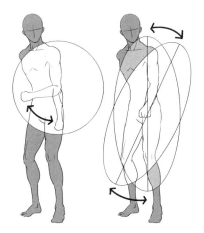

盾の形状と回転の関係。左の円盾は、盾を持つ腕が動いても、カバー範囲は変わらない。一方の右側（非円盾。ここでは楕円形）では、わずかに盾が回転するだけでカバー範囲が変わってしまう（薄いグレー部分）。

■アンティラベ（Antilabe）

　アンティラベは、盾の内側をぐるりと一周するロープである。壺絵が盾の細部を描写し始める時期には、単なる飾りとなっていたため、本来の機能や形状はよくわかっていない。前述の通り、アンティラベを握りとして使うこともあるが、握りとアンティラベが独立していることも多く、アンティラベを持たない盾も多い。バチカン博物館の盾もアンティラベを持たず、代わりにスペアのグリップが反対側についていた。

　アンティラベは、盾の構造を強化するためのものという説がある。アスピスは皿型をしているが、そのために盾の正面に圧力がかかると、盾が広がろうとする。リムはこの圧力に対抗するためのものであるが、アスピスのアーチは浅いために、圧力をうまくリムに伝達できず、盾の破損を招いてしまう。そこに登場するのが、ドームの内側の２点をワイヤーや梁で接続することで、ドームの底部が広がろうとする圧力を相殺するトラス構造であるが、アンティラベはまさにこのトラスの働きをして、盾が破壊されるのを防いでいるというのだ。このロープ（Upozoma）を使ったドーム構造物の強化法は、古代エジプトの頃から造船に使われており、あり得ないことではない。

第 1 章　装備

■カバー（Sagma）

　保管時や運搬中の盾は革製のカバーがかけられる。クセノフォンは、強風に吹かれて、兵士たちの盾が吹き飛んで海に落ちた出来事を記録している。兵士たちは、背負った盾にかかる風圧のために動くことができず、盾に石を詰めて重しにし、その場に置き去りにせざるを得なかったというが、この時の肩紐はカバーにつけられていたのだろう。

■ボイオティア式（Boeotian Shield）

　アスピスの亜種で、ディピュロン型（Dipylon Shield）とも呼ばれる。楕円形の盾の両側に切れ込みを入れた形状をしている。紀元前16世紀頃に体全体を覆う大型盾として登場し、唯一暗黒時代を生き延びた盾となった。

　暗黒時代に入ると、アスピスと同じサイズになる（大型のタイプをディピュロン、それ以外をボイオティア式と呼ぶこともある）。壺絵などを総合して推測すると、前8～5世紀にかけて使われたと思われる。初期のものは切れ込みが浅くて広いが、後になるとアルゴス式のようにリムが導入され、切れ込みが小型化する。このタイプの盾が最も多くみられるのが、ボイオティア地方の中心都市テーバイであり、テーバイ市の紋章にもなっている。

　しかし、このタイプの盾の存在を疑問視する意見もある。盾の切り込みに戦闘上の利点があると思われないことや、実物が見つかっていないことから、壺絵のボイオティア式はホメロスの詩に登場する8の字型の盾を表現したものであるというのだ。しかし、この意見は的外れである。

　ボイオティア式の盾をアスピスのように持つと、切れ込みが使用者の喉元と下腹部（両方とも最大の急所）を露出してしまい、使用者を危険にさらしてしまうのは確かだ。しかし、壺絵を見ると、ボイオティア式の盾は常に手を真っ直ぐ伸ばした状態で保持されている。つまり、ボイオティア式はアルゴス式とは全く別の持ち方をするように設計されているのだ（この持ち方がアスピス本来の持ち方という可能性も否定できない）。

　さらに、もしもこのタイプの盾が英雄時代の盾を表現するための、いわゆる「お約束」である場合、なぜボイオティア式が前5世紀以降描かれなくなるのか説明できない。また『イリアス』には登場しない8の字型盾はボイオティア式として壺絵に描写されるのに、実際に登場する他のタイプの盾（例えば、首から踵まで覆う盾）が壺絵に登場しない理由を説明できない（『イリアス』では、体を覆う巨大な盾は登場するが、その形状は描写されていない。後世の学者が、青銅器時代の壁画を見て勝手に8の字型盾が描写されていると推測しているだけなのだ）。何よりもギリシアの美術は、主題の実年代を歴史的に忠実に表すことを目的にしていない。人物こそ

第一部 古代ギリシア

青銅器時代の英雄であるが、その衣服や装備は、作品の制作当時のものである。よって、壺絵の盾は当時実際に使われていた盾を描写したものであると断定できる。

ではなぜボイオティア式の実在が疑われたのか、それは、ファランクスは盾と盾を重ね合せる隊列という先入観が強すぎて、それに矛盾するような証拠を排除したためである。

一旦ファランクスの密集性という偏見を捨てると、ボイオティア式の強みが明らかになる。盾の形状は、円形の盾から余分な部分（体からはみ出す部分）を切り取って、カバー面積を維持しつつ軽量化を実現するためのもので、つまりこの盾は個人戦闘用なのである。これは紀元前5世紀頃まで、ファランクスは比較的散開した隊列を組んでいた証拠でもあり、盾の消失は密集隊列戦法の一般化が理由であるのかもしれない。

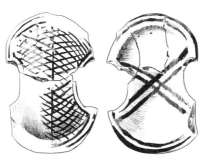

ボエオティア式盾の原型。湾曲した形状や、おそらく枝編み細工を表現した格子模様が見て取れる。特筆すべきはリムを持っていることで、リムの起源はアスピスそのものより古いのかもしれない。裏面のXマークは、グリップを表したもので、木の棒を十字に渡していた。

ボエオティア式盾の原型。黄金の土台にラピス・ラズリをはめ込んでいる。クレタ島、前1500年後頃。

ミュケーネ期の決闘シーン。右の戦士は全身を覆う大型のボイオティア式盾と、長槍らしきものを持っている。盾は横からのアングルで描写され、非常に深く湾曲しているのがわかる。

戦士の像。身に着けている防具は腰のベルトと分類不明の兜のみ。ボエオティア式盾を背負い、槍を上段に構えている。盾にはアスピスと同様のリムがあり、さらに革の縫い目を再現したと思われる線が見られる。たすき掛けにした紐は、背負うための肩紐だろう。前700～600年。

第 1 章 装備

後期ボイオティア式盾。形状はアスピスとほぼ同じ。複雑に張られたアンティラベは、握りと一体化している。ハルキス型兜や、リノソラクス（リネン製の鎧）には豪華な装飾が施されている。

モンテレオーネの戦車のサイドパネル。アスピスとボエオティア式を装備した兵士同士の戦い。アスピスには予備のグリップがはっきりと描かれている。エトルリア出土、メトロポリタン美術館蔵、前530年頃。

ボエオティア式盾を正面上段に構えた兵士。顎が盾の上に乗る。本文で引用した、ヘクトルの顎髭から滴り落ちた汗が盾を濡らす描写は、この様な持ち方を念頭に置いているのだろう。

父アンキセスを背負ってトロイから逃げるアイネイアス。ぶら下げるようにするボイオティア式盾の持ち方がよくわかる。左手に投槍を持つシーンを、盾の裏側から見られるのは非常に珍しい。

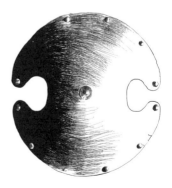

ヒッタイトの盾。ボエオティア式盾の一種（原型?）。切れ込みに実用性はないだろう。前1000年期。

■意匠（Episema）

　盾に描かれる紋章は、絵具の他に、青銅板を打ち出したアップリケを張り付けることもあった。正確な色彩を再現することは難しいが、目立つように派手でカラフルなものだったと推測できる。

　意匠のデザインは個人に任されていた。アテネの政治家アルキビアデスが雷霆を振りかざすエロスを描いてスキャンダルを巻き起こし、あるスパルタ兵は実物大の蠅を描き、そんなに小さくては見えないのではと聞かれたところ、「敵にもちゃんと見えるほど接近するから大丈夫だ」と答えたという逸話もある（この逸話から、紋章は敵に見せるためのものだったということがわかる）。

　一方で都市共通の意匠を描くこともあった。アテネ市はフクロウを、テーバイ市の兵士は盾にスフィンクスやヘラクレスの棍棒の意匠を描き、シクォン市の兵士は市の頭文字であるシグマ（Σ）を描いていたことが記録されている。これら都市共通の意匠は、兵士たちに仲間意識を植え付けたり、国家の支給品であることを示している。

青銅の盾覆い。アテネと思しき人物が描かれている。アテネ、ピラエウス考古学博物館蔵。

メドューサを象った青銅製アップリケ。オリンピア。

ヘラクレスと兵士。ヘラクレスの盾の裏には、豪華な意匠が描かれている。

2. 鎧（Thorax）

　前8世紀頃の鎧は、ベル型鎧（専門的にはタイプⅠ）と呼ばれる。青銅器時代のTo-ra-ka（Thoraks、Thorakes）が発展した、ウエストまでの比較的短い鎧で、表面に筋肉を象った文様が打ち出され、裾と首回りは、武器が滑って下半身に刺さるのを防ぐためにベル状に広がっている。その後、前6世紀後半までに、ベル状の広がりが無くなったタイプⅡが発展し、その後筋肉の造形がよりリアルな筋肉型鎧（タイプⅢ）が登場した。

　鎧は厚さ0.8～2mmの青銅製で、推定重量は、厚さ0.8mmで4kg、2mmで8kgになる。矢に対する防御力を持つには1.5～2mmの厚さが必要とされるため、下に着る服と合わせて8～11kgに達する。後1世紀のプルタルコスによると、前4世紀のデメトリウス・ポリオルケテスの鎧は40ミナ（約14～18kg）と書いているが、これは例外である。

　鎧と体が擦れるのを防ぐために、鎧の下には服を着るのが一般的であったと考えられているが、チギの壺に代表される絵画資料や、浮彫・彫像などを見ると、初期は素肌の上に直接鎧を着けることも多かった。

　防御効果が高く目立つ一方、柔軟性がなく着心地が悪い。そのため、後にリノソラクスと呼ばれるリネン製の鎧にとってかわられる。しかし、ギリシアの外、特にトラキアやマケドニア、イタリアでは、特権階級の象徴として長く使われた。

青銅製胴鎧。前7世紀。

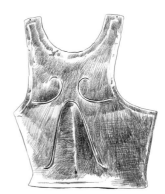

ベル型鎧。筋肉の造形は高度に象徴化されている。裾の張り出しは顕著ではない。前6、5世紀。

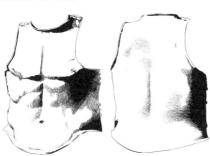

後期の筋肉型鎧。
前部下端が下に伸びて、下腹部を守る。
前5、4世紀。

3. スポラス (Spolas)

ローマ時代の言語学者ヘシキウスによると、革製で丈の短いキトン(上着)、革製の鎧としており、アリストファネスによると革製の服らしい。当時の絵画資料でスポラスと断定されたものはない。当時の兵士が毛皮製らしきモコモコした材質の鎧下を着こんでいたことはわかっているが、これがスポラスかもしれない。スパルタ人傭兵クレオニュモスは、スポラスの脇の合わせ目を射抜かれたということから、脇で引き合わせるタイプの衣服だと思われる。ホメロスの叙事詩には、鎧の下に着るゾマ(Zoma)という衣服が登場する。これはフェルト製または革製と考えられているが、スポラスとの関係は不明である。

スポラスは革製のリノソラクス(次項で紹介)を指し、スパルタ人がアエギスと呼んでいる鎧だという説もある。

死者を悼むために、前髪を剣で切ろうとしている戦士。筋肉型鎧の下に小札鎧と見えるものを着ているが、おそらく毛皮の房を表現したもの。鞘と肩紐の固定法が詳細に見える。兜はトラキア式らしい。頬当ては後のタイプに酷似している。

4. リノソラクス (Linothorax)

「リネンの鎧」という意味の現代造語で、タイプⅣ型に分類される。実はペルシアから伝わったものであり、当時の壺絵には、ペルシアやスキタイの重装騎兵がまさにこのタイプの鎧を着た姿で描写されている。メソポタミア地域で発明されたと思われ、最盛期には地中海世界全域で使われた。文献記録では約1500年間、絵画記録などで確実にわかるだけでも前6世紀から後1世紀までの700年間に渡って使われ、その形状はローマやケルト、ゲルマンの鎧のデザインに大きな影響を与えた。

スキタイ人傭兵。鳩尾に小札らしきものが描写されている。長袖の衣服にズボンを履き、腰の矢筒はゴリュトスという弓ケースを兼ねたタイプ。

スキタイの騎馬弓兵。リノソラクス、トラキア式兜に脛当てと完全武装していて、おそらく貴族階級の戦士であろう。

第 1 章 装備

　ギリシアで使用されたリノソラクスは、長方形の板を丸めてチューブ状にした胴部と、H字型の肩当に分かれる。肩当は背中上部と盆の窪、肩を守る。胴部の下半分はすだれ状になったプテルゲス（Pteruges：羽）がつけられ、胴体や足の動きを妨げないようになっている。ペルシアのものも含め、初期のものはプテルゲスが二重になっているが、後に一重に簡略化された。鎧の丈は意外と短く、プテルゲスの下端が股間に来る。なぜ鎧をもっと下に延長して太腿を守らないのかという疑問が呈されているが、リノソラクスは本来騎兵用の鎧であったためであろう。この構造はギリシア導入時の前6世紀にはすでに完成していて、以降ほとんど変化しない。

　金属製の鱗小札をつけることもしばしば行われた。材質上、鎧の厚さは12〜15mmを超えることができないので、防御力を増すためには、別の手段を講じる必要があるためである。

　鎧は様々な色に塗られていた。リネンを漂白した白色（リネン本来の色は灰色や薄茶色）が一般的だが、黄色や緑、青、紫なども使われ、グラデーションをつけた例もみられる。

　地域によって様々な特色を持ち、イタリアのエトルリア地方では、大型（一辺約5cmの四角形）の小札を縫い付け、マケドニアやトラキアでは、様々な意匠を打ち出した装飾用金属板を張り付けた例が出土している。ペルシアやスキタイでは金属製の鱗小札を縫い付けていたらしい。

　胴を体に巻きつけ、その後肩当を前に持ってきて紐で固定する。胴体前面は二重に重ねるようになっている。肩当を固定する紐には様々なつけ方があった。

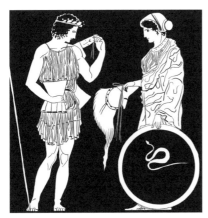

出征の準備。リノソラクスを着込む兵士とその妻。妻は右手に兜と鉢巻を持つ。鉢巻の結び方がよくわかる。兵士の頭には月桂樹が巻かれており、彼が何らかの競技大会の優勝者だとわかる。

リノソラクスを着る兵士。

当時のリノソラクスは、胴体部分で10〜20層（再現品では17層で厚さ1cmになる）のリネンを接着剤で張り合わせて作られた。プテルゲスは5層のものが柔軟性を保ちつつ最大の防御力を持つ境界線のようだ。

接着方式以外にも、詰め物をしたキルト式やリネン生地を縫い合わせる方式や、革などの本体の上にリネンを張り付けるなどの様々な製法が学者たちの間で提唱されている。しかし、実験によると、キルト式は防御効果がほとんどなく、縫い合わせ式は接着式と同等の防御性能を持つが、熟練の裁縫師が必要。革などの別素材を使う方式はリネンと防御効果に差はなく、結局リネンのみを使う接着式が最も効率がいいとされた。

厚さ12mmのリノソラクスの重量は4kg。これは身長183cm、体重90kg、胸囲107cmの人に合わせて作られたもので、当時の平均身長に合わせたものなら3.5kg程度だと思われる。肩の正面部分と胴に青銅製の小札を縫い付けた再現モデルでも重量は約7kg程度であり、青銅製の鎧よりはるかに軽量である。

アリストンの墓碑。巻頭カラーイラスト「変革期の重装槍兵」Bの人物のモデル。

装備を装着する兵士。盾の裏側の様子がわかる。

地面に倒れている兵士は、横向きのクレスト付きの兜を着けている。また、リノソラクスの背面の構造もわかる。肩当後部は、おそらく紐で胴部に固定されていた。

さらに、着用者の体型に簡単に合わせることができ、簡単な服を下に着るだけで鎧擦れを防止できる上、気温が高いと接着剤が軟化して、より体にフィットするとい

う。肩部を大きく作りすぎない限り、腕は普段と同様に動かせ、屈伸も全く問題ない。日光によって加熱しないというのも大きな利点である。修理もパッチを接着するだけでできる。

　接着剤が水溶性のため湿気に弱いが、蝋で防水でき、汗などで鎧が湿っても、天日に干せばすぐ乾き、構造が弱くなることもない。

　材料の入手が容易で安価にできるのも大きな利点だ。リネンは当時最も一般的な素材の一つであり、様々な用途に利用されていた。収穫した麻からリノソラクス1両を制作するのにかかる時間は約715時間/人と計算されている（紡績・織布675時間、接着剤制作8～10時間、裁断8時間、本体接着6時間、プテルゲス接着5時間、組立10時間）が、表面以外の層は、くず布や切れ端、古着などを再利用でき、接着剤は出来合を購入できるので、実際の工房での製作時間は約29時間プラス彩色となり、職人一人でも数日で制作可能である。さらに、多くの工程は熟練技能を必要としないため、人件費も節約できる。

　唯一といってもいい欠点は、肩部を固定するための紐が胴正面に露出していることである。この紐を切られたら、肩当が跳ね上がり、肩を無防備にさらしてしまう上に、鎧がずり下がってしまう。

5．エクソミス（Exomis）

　衣服の一種で「肩（Omos）を露出（Exo）する服」という意味がある。形状はキトン（Chiton、Khiton。一般的な服）と同じだが、動きやすいように右肩部分を縫わずに、肩を露出するようになっている、いわゆる作業着である。

6．兜（Kranos、Korus）

　鎧と同様に全て青銅製である。兜のタイプは、その発祥（中心）地が命名されているが、多くは事実誤認である。兜の多くは一枚板を打ち出して成形される。初めは青銅板を800度まで加熱して成形していたが、前520年以降は青銅板を低温のまま成形する技術が確立し、硬度を劇的に増した。

　兜の多くは彩色され、馬の毛や羽、青銅製のクレストがつけられた。スパルタでは、横に取り付けたクレストは、指揮官の印であるといわれている。

羽飾り付きのクレスト。ギリシア本土では、この様な羽飾りは非常に珍しい。前440年。

第一部　古代ギリシア

■ケゲルヘルム (Kegelhelm)

　ドイツ語で円錐型兜という意味。前8～6世紀頃に使われ、コリント式と共に古代ギリシアの兜の二大源流の一つ。中近東起源ともいわれているが、クレタ島から出土した、前1400年頃のものと思われる兜はこのケゲルヘルムに酷似しているため、ギリシア起源のものであろう。

ケゲルヘルム。上下に分割して制作されているのがわかる。目の部分に裏地を縫い付けるための穴が開いているが、頬当て部分位はないので、裏地は頭部と接触する、額から上の部分にのみついていたのだろう。頬当てには顎紐を通すための穴が二か所開いている。

ケゲルヘルムと最初期の筋肉型鎧。現存する最古の重装槍兵用の武装。鎧は長めで、首の部分を立ち上げて攻撃を滑らせるようになっている。アルゴス、前8世紀。

おそらくケゲルヘルムの亜種。クレタ島、前650年頃。

■イリュリア式 (Illurian)

　ケゲルヘルムの発展型。ペロポネソス半島で発展し、前7世紀から5世紀初めまで使われた。コリント式と似ているが、顔の部分の開口部が四角形で、より快適になっている。左右のパーツを別々に作り、それを接合して作られた。ギリシア本土で使われなくなった後も、北方のマケドニアやイリュリアで使われ続けた。初期のものは耳を塞いでしまうが、前550年以降は耳穴を開けるようになった。また、クレストの装着方が正確に判明している唯一のタイプである。

第 1 章 装備

初期のイリュリア式兜。耳部分が開いていない。後頭部が短く、特殊。前7〜6世紀。

後期イリュリア式兜。耳にあたる部分を開けて音を聞き取りやすくした。中央を走る溝はクレストの取り付け用レールで、前後の突起に紐を縛り付けて固定していた。顎にある穴は顎紐を通すためのもの。顎紐は顎ではなく、後頭部に回してひっかけた。前5世紀。

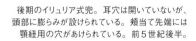

後期のイリュリア式兜。耳穴は開いていないが、頭部に膨らみが設けられている。頬当て先端には顎紐用の穴があけられている。前5世紀後半。

イリュリア式兜。頭部に羽を差し込むチューブのついた珍しいタイプ。

61

■コリント式 (Corinthian)

　古代ギリシアと言えばこの兜であろう。8世紀頃に登場する兜で、一枚板を打ち出して作られ、目と口を除く頭部全体を覆う。最初期のものは鼻当てがなかったらしい。初期のものは単純でどっしりとした形状で、兜の縁に裏地を縫い付けるための穴が開く。前6世紀頃に、兜の頬当て部分が下に伸びて首をカバーするようになり、頭部にふくらみを作ることで、兜と頭部の接触領域を減らして、衝撃が頭部に直接伝わらないようになった。また裏地がなくなり、代わりに帽子や鉢巻を着用するようになる（スポンジをクッション代わりに使うこともあった）。防御効果は高いが、非常に着心地が悪く、疲労しやすい。さらに顎紐がないため、着用者の頭部に正確にフィットするように作らねばならず、コストが高く、衝撃により兜がずれることがあった（上下方向以外に視界は全く問題ないが、斜めに敵を見る時に片方の視界が鼻当てに遮られ、遠近感を喪失することがある）。ギリシア本土では紀元前5世紀頃に使われなくなったが、イタリアではその後も使われ、アプリア型に発展した。

　兜の重量は初期（6世紀まで）で1.25kg、中期（6世紀）で1.25〜1.6kg、後期（紀元前530年以降）で1kg程度と、中世の兜の3分の1程度である。厚さは約1.25mm〜0.75mmだが、鼻覆いは3〜5mmほどと分厚い。

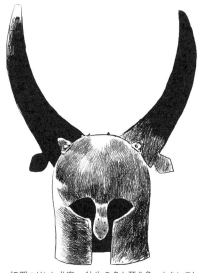

初期コリント式兜。牡牛の角と耳を象ったクレスト。牡牛は主神ゼウスや海洋と地震の神ポセイドンの聖獣で、彼らの加護を期待したのかもしれない。おそらく前7〜6世紀。

初期コリント式兜。上下別に作ったパーツを接合した、非常に珍しいタイプ。ずんぐりとした造形は初期型の特徴。前7世紀。

第 1 章 装備

初期〜中期コリント式兜。頭部をすっぽりと覆うタイプ。鼻当ては初期の幅広で先端が丸いタイプ。前7、6世紀。

中期コリント式兜を横から見た図。後頭部が伸びて首の後ろをカバーするようになっている。前6世紀。

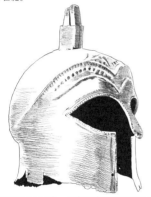

中期コリント式兜。頭部に膨らみをつけて兜と頭が接しないようにしている。頭頂部にはクレストの取り付けが見える。前600〜550年。

中期コリント式兜。頬当てが下に伸び、裏地を固定する穴がなくなった。頬当ての穴はおそらく顎紐を通すためのもの。大英博物館蔵、前7世紀。

中期コリント式兜。裏地を縫い付ける穴はなくなっているが、頭部の膨らみはまだなく、頬当てもあまり下に伸びていない。目の部分も後期のものと比べるとかなり大きく、頬当て同士の隙間も広い。高さ22.6cm、幅18.5cm。メトロポリタン美術館蔵。前600年頃。

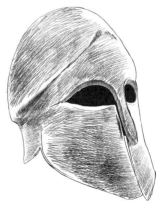

後期コリント式兜。鼻当て部分の青銅板の厚さがよくわかる。

63

第一部 古代ギリシア

アプロ・コリント式兜。A型と呼ばれるタイプで、元のコリント式の面影を強く留めている。頬当てには猪の線刻が施されている。右の絵は装着図。クレストはおそらく紐か針金で固定された。ダラス美術館蔵。

■ピロス（Pilos）

　青銅器時代から存在した鍔なしフェルト帽をかたどったもの。前5世紀の終わり頃にコリント式に代わって使用された。円錐形の青銅製で、頭部のみを防御し、顔や後頭部は一切守らない（まれに頬当てがつくこともある）。後期重装槍兵の標準ともいえる兜で、前3世紀頃まで使われ、騎兵の兜としても人気があった。

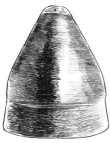

ピロス。頭頂部は前後に平坦につぶされ、クレスト装着用の穴があけられている。全高20.5cm。前5世紀。

ピロス。全高20.3cm。

鍔付きのピロス（？）を被った若者。邪魔にならないように帽子の鍔を上に折り返しているが、そのために顎紐のかけ方がよくわかる。顎紐は後頭部の膨らみに輪を引っ掛けて帽子本体に回し、その後顎の下で結んでいる。この方法により、帽子がどの方向に吹かれても頭から飛んでいくことはない。前5世紀。

64

第 1 章 装備

■ハルキス式（Chalcidian）

　前6世紀初めに登場し、前4、3世紀に広く使われたタイプ（前5世紀後半頃にコリント式から発展したという説もある）。顔の部分が大きく開けられており、広い視界を確保できる。さらに耳の部分にも開口部があるため、聴覚を妨げることもない。このタイプの兜には、頬当て部分がヒンジ式になっているものもあり、着用と制作が容易になっている。

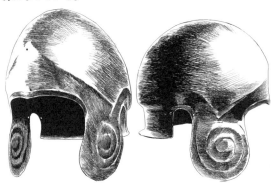

現存最古のハルキス式兜。丸まった頬当てと、とぐろを巻く蛇の装飾は、このタイプの特徴。前6世紀。

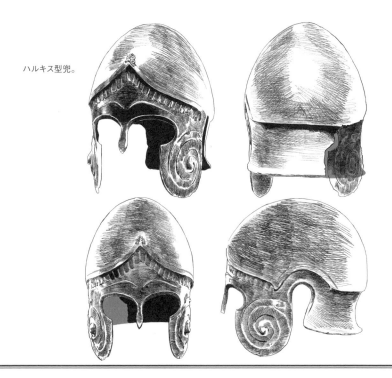

ハルキス型兜。

第一部　古代ギリシア

ハルキス型兜。鼻当てを切り落とし、頬当てを修理した跡が見える。前5世紀。

ハルキス型兜。前6世紀。

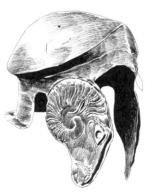

ハルキス型兜。頬当てを雄ヤギの頭部に象ったもの。目には白い石を埋め込み、瞳にも石をはめ込んだ。これと同様の兜は、スパルタで発見された有名なレオニダスの像にも描写されている。前4世紀。

イタリア南部のハルキス式兜。後頭部は喪失。ヤギを象った頬当てと頭部のクレストが特徴的。鼻当てもギリシア本土のものより大型。前525～550年。

第 1 章 装備

■アッティカ式（Attic）

　前6世紀初め頃に出現したタイプ。鼻当ての無いハルキス式という感じだが、頬当ての形状などが違う。ギリシア本土ではアテネ以外ではあまり人気がなかったが、イタリアで大人気を博した。ローマでも将軍や士官が好んで使用し、結果ルネッサンス期以降では古代の兜と言えばアッティカ式と言えるほどであった。ある意味、古代ギリシア発祥の兜で最も長く使用された兜と言える。イオニア式という亜種を細分する研究者もいる。

初期のアッティカ式兜をかぶった兵士。剣の長さから、おそらくスパルタ兵を描いたものと思われる。

アッティカ式、もしくはその分派のイオニア式兜。当時の彩色がよくわかる。

■フリュギア式（Phrygian）

　前5世紀頃に登場したとされ、頭頂部が伸びた独特の形状をしている。額部分に庇を持つものがあり、上からの攻撃を防ぐようになっている。トラキア、ダキア、ギリシア、マケドニアなどで広く使われた。

フリュギア式兜。頭頂部には房飾りを付けるためのチューブが見られ、頬当てては髭を象った装飾が施されている。マケドニア兵の兜としてよく紹介される兜だが、実はトラキア人が持ち主。ブルガリア、カザンラク出土、前3～2世紀。

67

■トラキア式 (Thracian)

　フリュギア式の亜種。フリュギア式は頭部の鉢全体が徐々にすぼまっていくが、トラキア式ではボウル状の鉢にトサカ状の突き出しを設ける。

銀製のトラキア式兜。クレストの側面に長く尾を引く房飾りを取り付けるチューブがついている。側頭部の穴は、おそらく頬当てを取り付けるためのもの。その後ろの輪は、顎紐を結び付けるためのものと思われる。そのすぐ下の出っ張りは、顎紐を通すための溝になっていて、この部分から頬当ての輪に紐を通し、顎の下で紐を交差させ、後頭部に回して結んだと思われる。ギリシア、コルフ島。

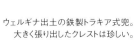

ウェルギナ出土の鉄製トラキア式兜。
大きく張り出したクレストは珍しい。

■ボイオティア式 (Boeotian)

　前5世紀初めに登場した。ペタソス（Petasos：主にフェルト製の鍔広の日よけ帽）を象ったタイプで、ギリシアの兜の中でも最軽量、最安価なもののひとつ。ボウル状の鉢に幅広の庇が全周を取り巻くようにつき、飛び道具に対する防御力を強化しつつも、視覚や聴覚を妨げない。庇の形状はストラップを巻きつけた帽子を象って複雑なものが多く、顔を防御するようになっている。時代が下るにつれ、鉢が縦に伸び、庇が小型化する。前360年頃に騎兵が着用し始め、以降騎兵用として好まれた。兜の鉢部分を取り巻くようにストラップが露出し、顎の下と後頭部でストラップを結ぶ、帽子と同じ固定法を持つ。

第 1 章 装備

初期のボイオティア式。兜に見えるV字の線は顎紐の一部。巻頭カラーイラスト「変革期の重装槍兵」Bの兜のモデルである。ルーブル美術館像。

ボイオティア式兜を被った兵士。槍を抱え持ちに構えている。アルカディア出土、前6世紀。

■クレタ式（Cretan）

　非常に特殊な兜で、前8世紀頃のクレタ島で使われた。左右のパーツを中央で接合した、頭部全体をすっぽりと包み込む感じの兜で、鼻当てのないコリント式のように見える顔の開口部を持つ。兜全体を覆うように浮彫が彫り込まれており、富裕階級が使用したものであろう。コリント式と同じ原型から発展した兜かもしれない。

クレタ式兜。同時期のコリント式などよりも、より頭部をすっぽりと覆うように整形されている。繊細な装飾はこのタイプの兜の特徴。全高24.5cm、前7世紀後半。

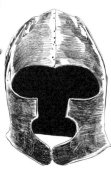

クレタ式兜。半身を作った後、中央で鋲止め接合している。

69

第一部　古代ギリシア

■その他

この他にも分類不明の兜や、二つ以上の形式を複合させたものなどがある。

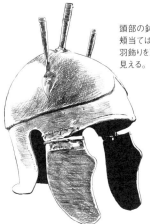

頭部の鉢はハルキス式だが、頬当てはアッティカ式の混合型兜。羽飾りを取り付けるためのチューブが見える。前4世紀。

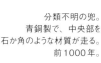

分類不明の兜。青銅製で、中央部を石か角のような材質が走る。前1000年。

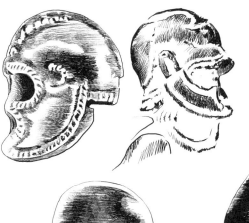

キプロス出土の兜。頬当ては鼻以外をすっぽりと覆うようになっている。巻頭カラーイラスト「重装槍兵」のAが被っている兜のモデル。前7世紀。

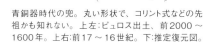

青銅器時代の兜。丸い形状で、コリント式などの先祖かも知れない。上左：ピュロス出土、前2000〜1600年。上右：前17〜16世紀。下：推定復元図。

7. ペルテ（Pelte）

　ペルタともいう。おそらくトラキア、スキタイ起源の盾で、トラキア人軽装歩兵によって使われた。この盾を使う兵士をペルタストと言い、後に軽装歩兵の代名詞となる。

　形状は三日月型（まれに楕円形や円形）で、枝編み細工または木製の本体に革を張って作られる。表面には目や顔、さらには動物の姿が描かれた。ギリシア製のペルテには青銅の覆いを取り付けたものもある。握り方は手で持つタイプと、アスピスのように腕に括り付けるタイプの二種類がある。

　特徴的な盾の形状は、槍の両手持ちを可能にするためだという意見もあるが、盾に視界を遮られないための工夫であろう。

スキタイの黄金製櫛。スキタイ人用にギリシアで作られたもので、色々と間違いがある可能性があるが、細部の描写でこれに及ぶものはない。リノソラクスに三日月形の他に四角形のペルテ（手持ち式）や、騎兵が装備している背負い式ペルテが特徴的。前4世紀初め。

8. その他の防具

■脛当て（Knemides）

アスピスでカバーできない膝から下の部位を守る重要な防具である。青銅製の一枚板を成型して作られ、ストラップはなく、脛当て自身の弾性によって保持される。重量は両足合わせて約1～2kg（平均1.4kg）。裏地にはフェルトやスポンジなどを接着した。

複製品による実験では、走ったり登ったりするだけでなく、ダンスを踊っても全く邪魔にならないという結果が出ている。

脛当て。かなり装飾的で、ふくらはぎの筋肉を正確に打ち出している。金属の弾性のみで固定するタイプ。縁には裏地を縫い付けるための穴が開いている。前5～4世紀。

■ミトラ（Mitra）

半月状の青銅版で、下腹を防御する。紀元前6世紀頃に廃れる。

ミトラ。スフィンクスにアッシリアやバビロニアといった中近東文明の影響を見ることができる。前7世紀。

トラキアの筋肉型鎧とミトラのセット。ミトラの接続方法がよくわかる。鎧の縁には穴が開いており、裏地が縫い付けられていたことがわかる。

■踵当て

ホメロスがエピスフュリア（Episphyria）と呼ぶ防具。踵部分を包み込むように作られていて、踵骨を収めるくぼみが設けられている。イタリアのアプリア地方（現プッリャ地方）のものは踵からふくらはぎまで覆うように長く伸びる。動きを妨げないように設計されており、比較的自由に活動できる。特殊な形状の脛当てという説もある。

第 1 章 装備

左：踵鎧。アキレス腱にあたる部分がかなり細い。
右：装着法の仮説。

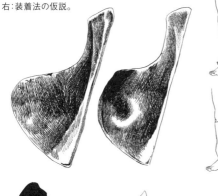

イタリア製踵鎧。

脛当てと踵鎧を組み合わせた場合の想像図。

■腿当て（Perimerides）

ギリシアでは紀元前6世紀頃に使われ、その後廃れたが、イタリアではその後も長く使われた。膝のすぐ上から腿の半ばまでを守る。

腿鎧と足鎧。どちらも筋肉や指などの細部を丹念に打ち出している。腿鎧は、膝の皿が打ち出されていることから、膝にかかるように着けていたのかもしれない。

左の人物は、クレストが2つ付いたコリント式兜を被る。腿当てには裏地を縫い付けるための穴があけられており、青銅製であることを示唆している。ボイオティア式盾にポルパクスはなく、ストラップで固定している。また、肩紐がついていることにも注目。剣は、柄の形状からコピス。右の人物の兜は非常に珍しいクレストがついている。パリ、ルーブル美術館蔵。

73

第一部　古代ギリシア

■腕鎧

　腕鎧は最も珍しいタイプの防具で、上腕部を防御するものと、前腕部と手首（まれに手の甲）を防御するものがある。どちらも前5世紀頃に使用されなくなったと思われる。当時の名称は不明だが、青銅器時代にはqe-ro2（sk^{w}elion：スクペリオン）と呼ばれていた。

暗黒時代時期の腕鎧。前1200～1000年。

■足鎧（Sandalia）

　足の甲とつま先を守る防具。動きやすいようにヒンジがついていて、多くの例で足の指をかたどられて作られている。

■ケープ（Himation）

　前8世紀から後1世紀まで使われたケープ兼上着。四角形の布で、体に巻きつけたり、ショールのように羽織ったり、フードのように被ったりした。エファプティス（Ephaptis）ともいい、素肌の上に直接羽織る時はアキトン（Achiton）と呼ばれた。

■青銅製ベルト

　初期の重装槍兵の中にはベルトのみを占めている兵士も多くいた。ミュケーネ文明では男性はベルトをきつく締めて細いウエストを強調する傾向があり、その伝統が残ったものかもしれない。

青銅製ベルト。前725～675年。

■クレタ式盾

　中央が盛り上がった独特の形状をした盾で、おそらく手持ち式。

クレタ出土の盾。神殿に奉納された盾で、中央部が大きく盛り上がるクレタ独特のデザインをしている。前8世紀。

74

第1章 装備

飛び道具

1．投槍（Akontion）

　壺絵の分析によると、前650年頃に重装槍兵が投槍を使わなくなったとされている（前520年や前480年という説もある）。

　投槍用の石突（Styrakion）の平均ソケット径は16mmで、通常の槍よりも細めの柄が使われていた。前述のウェルギナ出土の槍は全長222cm。重量は、柄の直径が19mmの場合は540.6g、16mmでは500.9gと計算される。今日の投槍競技では、男子の槍は800g、2.6〜2.7m、女子は600g、2.2〜2.3mなので、ウェルギナの槍は女子用の投槍とほぼ同サイズで、投槍としても適切な数値になる。

ゲームをするアキレスとアイアス。アテネの絵付師エクセキアス作。両者とも豪華なリノソラクスとケープを着込んでいる。特筆すべきは腿当てと、左の人物の着けている上腕の腕鎧。投槍とドリュの差が、大きさや穂先の形状などではっきりとわかる。後方の盾はどちらもボイオティア式。左の盾はパン神の顔を立体的に打ち出している。前540〜530年。

■投げ紐（Ankyle）

　一方の端にループを持つ革紐である。ループの反対側を槍に数回（最も一般的な例で3回）巻きつけ、ループに人差し指と中指をひっかけて、それ以外の3本の指で槍を持つ。槍の投擲時に手首のスナップを効かせることで、紐が梃のように働き、同時に槍と腕の接触時間を伸ばして効果的に腕のエネルギーを槍に伝える。さらに、紐が解ける時に槍が回転し、弾道を安定させる。実験によると、助走1歩の場合、投擲距離を58％延長（19.57±2.74m→30.99±4.41m）する効果があるとしている。ちなみに、同じ投槍を現代の投槍選手二人が投げると33.2〜36.7m→63.7〜66.2m、44.9〜49.5m→56.5〜61.5mという結果が出た。ただ選手たちによると、実験で使われたレプリカの投槍は軽すぎたと語っているので、最適サイズの槍を使った時の投擲距離は倍近く伸びると思われる。

　戦闘用の投げ紐は、素早く使用できるように柄にしっかりと固定されていた。太さ25mm、長さ1.8mの柄に全長28cmの青銅製の穂先をつけた投槍（重量1.2kg）に固定式の投げ紐を取り付けた実験では、飛距離15.94±2.85m→24±4.86mとなり、増加率50.5％という効果が認められた。

第一部 古代ギリシア

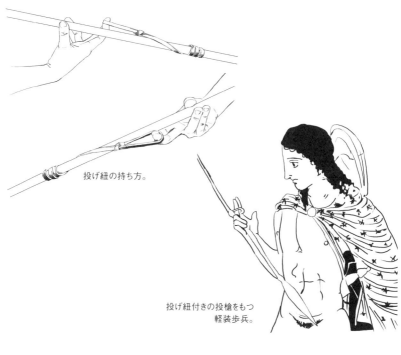

投げ紐の持ち方。

投げ紐付きの投槍をもつ
軽装歩兵。

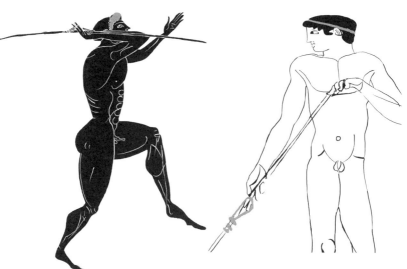

投槍選手。
指を伸ばして槍を握る方法が
詳細に描かれている。

投げ紐を用意する選手。
投げ紐のループや持ち方が
はっきりとわかる。

第 1 章 装備

投槍を使う兵士たちの例。
一見上手持ちだが、人差し指と中指を伸ばし、投げ紐を使っている。

アマゾンに突き刺さっている槍は、普通の槍のように描写されているが、よく見ると投げ紐がついていて、投槍であることがわかる。右は投げ紐部分の拡大図。

左右の兵士の手を見ると、左の兵士は投槍、右側は近接専用の槍を持っているのがわかる。おそらく右側の兵士を左側の兵士がサポートしているのだろう。

2. 弓 (Toxo)

　ホメロスの頃から、敵を遠くから攻撃する弓は、臆病者の道具とされていた。しかし『オデュッセイア』では、オデュッセウスが彼以外誰も引くことのできない強弓を引くことで、自分の正体を明かすシーンや、トロイ戦争勝敗のカギを握る人物が使う武器が弓であること、また英雄ヘラクレスが弓の名手であることなどから、本来、弓は決して臆病者の武器ではなく、英雄にふさわしい武器であると考えられていたことがわかる。

　当時使われた弓は丸木弓という一本の木を削りだしただけの単純なものだが、後にスキタイ起源といわれる複合弓が登場する。この複合弓は、中央にあるグリップの上下をアーチ状の腕がはさむという独特の形状をしていて、現代ではキューピッドの弓として有名である。鏃は青銅製や鉄製が一般的だが、石製のものもある。

　本土とは違い、クレタ島の弓兵は優秀な弓兵として知られていた。クレタ島はギリシア本土とは隔絶した地域であるので、戦争の形態も本土とは異なっていたのだろう。

スキタイ人傭兵。複雑な模様の書かれた前開きの服と、乗馬用に発展したズボン、頭巾が最大の特徴。手に持つ弓は複合弓で、馬上からも射れるように短いが強力だ。腰のゴリュトスを首からぶら下げている。

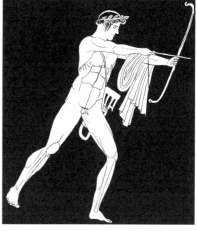

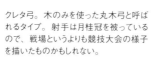

クレタ弓。木のみを使った丸木弓と呼ばれるタイプ。射手は月桂冠を被っているので、戦場というよりも競技大会の様子を描いたものかもしれない。

3. スリング（Sphendone）

　長さ1～1.5ｍほどの一本の紐の中央に石を入れるポーチがあり、紐の端の一方に指を入れて固定する輪がついている。ポーチに石を入れて紐を手に握り、石を回転させて紐の一方を離すことで石を飛ばす。地域や用途によって投げ方が違うが、ギリシアでは左足を前に立ち、左手を真っ直ぐ伸ばして石を握り、右手は顔の横に置く構えが最も一般的。この構えから、頭上を反時計回りに一回転させる横投げか、石を落して頭上から投げる上手投げで投げたと考えられている。

　紐が長いものほど回転速度が遅く、コントロールが難しい上、数回回転させて勢いをつける必要があるが、飛距離は伸びる。一方、紐が短いと、威力とコントロールが上がり、少ない回転数で投げることができるが、射程は短くなるという。バレアレス諸島のスリング兵は3種類の長さのスリングを使い分けたといわれている。

　最も安価な武器であり、当時は羊飼いなどの貧困層が護身などのために持ち歩いた。地中海東方のロードス島と、スペイン沿岸のバレアレス諸島のスリング兵が当時最強のスリング兵として知られているほか、ギリシア高地地方（アカルナニア、アエトリア、テッサリア、アカイア、ボイオティア）も優秀なスリング兵の産地として知られていた。

　弾丸の種類は様々で、石の他にも素焼きや鉛の弾丸が使われた（多くは空気抵抗を減少させ、弾道のブレを抑える紡錘形だった）。重量は13～500ｇ（大部分は20～50ｇ）、軽量の弾丸は遠距離用、重いものは攻囲戦などの近距離用に使われる。この弾丸を、秒速30ｍ（108km/h）を超える速度で飛ばすことができる。計算上、同重量の矢の約3分の1のエネルギーしかなく、致命傷を与えるのは難しいが、負傷させるには十分である。

　戦場では正確さよりも連射性能が求められるが、この点でもスリングは優れている。実験では初心者でさえ1分間10発の速度で射撃が可能な上、弓と違って疲れにくく、連射速度が落ちにくい。

　また、弓より長射程であるとされていた。推定射程200～500ｍ、実

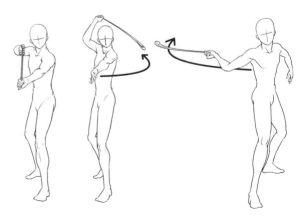

ギリシア式の水平投石法。1回転で投擲し、素早く投げることができる。

験では50〜250mほどで、複合弓の160〜350m、丸木弓の155〜190mと比べるとやや長いと考えられている。なお、現代の世界記録は477.1mなので、500mは過剰であろう。

　一方短所も多い。最大の短所はスペースを多くとることで、1mの長さのスリングを使うには、前後幅3mのスペースが必要になる。また、矢よりも少しフラットな弾道を持つため、味方の頭上越しに投げるのが難しく、空気抵抗の大きさから、遠距離射撃での威力が落ちるという欠点もある。

投石兵と重装槍兵。前方に並ぶ投石兵のポーズは、後の時代のものと同じであり、この頃から投石技術に変化がないことを表している。左の敵兵は槍を投げようとしているところで、彼の前方の矢印は、空を飛ぶ槍。パロス島、前8世紀。

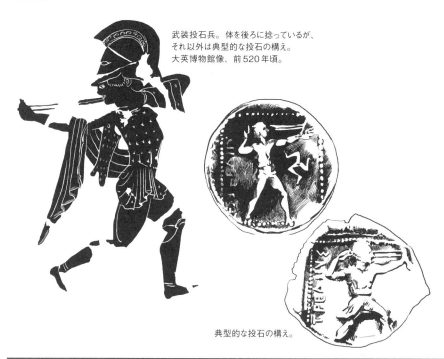

武装投石兵。体を後ろに捻っているが、それ以外は典型的な投石の構え。大英博物館像、前520年頃。

典型的な投石の構え。

第 1 章 装備

おそらくロードス島投石兵。左肩に鹿かヤギらしき毛皮をかけて盾の代わりにしている。投石ポーズは石をぶら下げる独特のスタイル。石が非常に大きい時の投石法かも知れない。

投石用の鉛弾。雷霆の模様がつけられている。ヘレニズム期。

防具の効果

1. 青銅製防具の効果

　1977年の実験では、平均的なコリント式兜の場合、約30Jまでの運動エネルギーを防御することができるという結果が出た。しかし、彼自身が論文中で認めているように、実験で使用した青銅サンプルは、当時の青銅より柔らかいため、実際は30％ほど効果が増加するのではとしている。彼の計算では、直径4mmの穴をあけるのに必要な運動エネルギーは0.75mm厚で16J、1mmで28J、1.25mmで40.8J、1.5mmで53Jとなる。後期の兜では、最大でさらに40％強度が増大する可能性がある上、防具は曲面で構成されているため、貫通にはさらに大きなエネルギーが必要になる。よって、彼は当時の青銅製防具はペルシア、スキタイ両陣営（初活力24～35J。ただし、実際にはこれよりもはるかに強い可能性がある）のもつ矢に対してほぼ完全な防御効果を持つと結論している。

　0.8mm厚と1.8mm厚の青銅板に矢を打ち込むという別の実験では、0.8mm厚の青銅板は距離7.5m以下では全く役に立たないが、1.8mm厚では7.5mの距離でも張力約20.4kgの弓から放たれるあらゆる種類の鏃（現代の鋼鉄製鏃を含めて）を跳ね返し、約27.2kgの弓でようやく貫通できた。これらを総合すると、当時の防具は、矢に対する十分以上の防御力を持っていたと断言できる。

　槍に対する効果についてはマシューが計算しているが、それによると、直角に近い角度で槍が命中しない限り、致命傷を負う確率は極めて低いという結論が出ている。

2. リノソラックスの防御効果

　様々な形状、材質の鏃を使った実験では、厚さ12.25mmのリノソラクスを貫いて致命傷を与えるには70Jのエネルギーが必要と計算されている。実験では最大張力27.2kgの弓を使っていたが、30m以上離れると、現代の鋼鉄製の狩猟用鏃をも含む、いかなるタイプの鏃でも致命傷を与えるほどに貫通しないという結果が出ている（怪我はする）。

　この実験では、鎧の防御力は、生地全体の厚みに比例し、生地の枚数は関係がないことも判明した。また、矢が角度をつけて命中した場合、鏃が生地の間の接着部分に滑り込もうとするため、矢の軌道が大きく捻じ曲がり、運動エネルギーを急激に失ってしまうということもわかった。ちなみに、この実験では、鎧を着こんだ実験者に矢を打ち込むことまでしたが、平手で張られた程度の衝撃だったという。

　その他の武器を使った実験では、以下の結果出ている。

■剣（斬撃）：表面に大きな傷はつくが、5層以上貫通することはない。これは古代の著述とも一致する。

■両手斧とメイス：わずかに凹むのみで弾き返される。衝撃で着用者の肋骨が折れることはあるが、致命傷は十分防げる。

■剣、槍（刺突）：非常に困難だが、条件次第で貫通できる。

　これは厚さ$1.5 \sim 2\,mm$の青銅鎧に匹敵するという。リノソラクスの重量$4\,kg$に対し、青銅鎧は$8 \sim 11\,kg$であることを考えれば、リノソラクスの防御効率は圧倒的と言えるだろう。しかも、以上の結果は鎧の正面部分が一重の場合である。リノソラクスは正面部分が二重になるので、実際の防御力は、この倍になるのだ。

3．盾の防御効果

　盾はどうだろうか。計算によると、薄い青銅板を取り付けた厚さ$12\,mm$の木版を槍で貫通する（貫通坑直径$15\,mm$）には$60\,J$のエネルギーが必要になる一方、矢の場合（貫通坑直径$7\,mm$）は僅か$15\,J$で貫通できる。しかし、盾と体は密着していないため、たとえ矢が盾を貫通しても、体に到達するまでに運動エネルギーの多くが消失するだろう。

4．カバー面積

　見過ごされがちだが、防具のカバー面積も重要である。
　身長$168\,cm$体重$75\,kg$の成人男性の正面面積を$7232\,cm^2$とし、防具によってカバーされない露出面積を計算した結果、戦闘体勢の重装槍兵が敵に露出する面積は$395\,cm^2$（顔：$103\,cm^2$、右手：$42\,cm^2$、左膝：$50\,cm^2$、左足の甲：$200\,cm^2$）、体の正面投影面積の5.5%しかない。また、足の甲の露出度が異常に高いことに注目したい。足の甲は槍で狙いにくいので気にする必要はあまりないが、ランダムに降り注ぐ飛び道具相手では最も被弾しやすい個所となる。事実、足鎧の普及と飛び道具の台頭は同時期に起こっている。

5．実例

　重装歩兵は飛び道具に強い。プラタイア（前479年）では、ペルシア軍は数時間に渡って激しく矢を打ち込んでもギリシア軍に決定的な打撃を与えられず（スパルタ軍の戦死者は5000人中92人）、テルモピュライでは、周囲を包囲した状態からギ

リシア軍700人を全滅させるまで数時間に渡って矢や投槍を打ち込み続ける必要があった。前述のスクファクテリア島の戦いでは、420人のホプリテスに1万人以上が終日攻撃し続けても128人しか倒せなかった。前334年のハルカリナッソス攻囲戦では、アレクサンドロス大王旗下の兵士二人が酔っぱらって城壁へと突撃し、ペルシア軍守備隊の集中攻撃を受けたが、無傷で帰還したという事例もある。2009年のオーストラリアでは、ファランクスを組んだ完全武装の重装槍兵50人に向けて、オリンピッククラスのアーチェリー選手を含む弓兵の集団が実際に矢を打ち込んで、その効果を確かめるという実験が行われた。重装槍兵側は隊列を組むのに苦労したものの、特に問題なく軽い駆け足で前進することができ、矢の命中精度は非常に低かったという。

防具のコスト

　前6世紀後半のアテネでは、重装槍兵の装備一式は最低30ドラクマ（良質の犠牲用の牡牛6頭分）、前4世紀では良品質のものが複数で300ドラクマという記録が残っている。

　前414～415年の石碑には、エレウシアの秘跡を冒涜しようとしたアテネ人の私財を没収し、競売にかけた結果が記されている。それによると、短槍（Doration）で2ドラクマ（重装槍兵の給与2日分）、石突のない槍で1ドラクマ4オーボル（1ドラクマ＝6オーボル）となっている。

　前3世紀の石碑には、弓:7ドラクマ、弓と矢筒:15ドラクマ、穂先:3と1／3オーボル、柄:2ドラクマ、盾:20ドラクマという記録があり、槍と比較して弓や盾が非常に高価であることがわかる。また、穂先より柄の方が4倍近く高いというのも興味深い。

　自弁で装備を整える制度は、市民の生活を圧迫し、国家が動員できる兵士数を大きく制限する。そのため、時代が下るにつれ、政府が武器や防具を支給して兵員不足を解消しようとする傾向が見られた。アテネで発見された前3世紀のものと思われる鉛製の札は、表に防具の絵が刻印され、その後ろには文字（Α、Γ、Δ）が記されている。この札は支給用の引換券で、表の絵は防具の種類、裏の文字はサイズを示していると考えられている。

第2章
戦闘術

　前5世紀頃に武術らしきものが登場するが、上流階級の娯楽的なものであり、戦場の戦闘法とは趣が異なっていたらしい。当時では、人工的な武術よりも、人が自然に持っている本能の方が強いという考えが根強かったのだ。

アスピスの使用法

　盾の構造と重量は、盾の持ち方、すなわち戦闘時の姿勢を決定する重要な要素である。この姿勢が、槍をどのように使えばもっとも効率がいいのか、すなわち、どの戦闘態勢が最も効率がいいのかを決定するのである。
　マシューによる効率の良い戦闘態勢とは、盾の防御効果を発揮できる・動き（特に前方方向）を妨げない・戦闘中に体勢を崩さない・隊列の中で自分の位置を保つことができ、隊列を乱さない・攻撃時に武器を握る腕が自然な位置に来て、さらに自由に動かせるという条件を兼ね備えていることだという。
　アスピスは湾曲を利用して、左肩で盾の重量を支えていた。当時の記述でも、アスピスを持って走るホプリトドロモスという競技の選手は「盾の重量を支えるための強靭な肩と、柔軟な膝を持つ」としている。テオクリトゥスによると、ヘラクレスは「肩を盾の裏側に置き、相手に体を傾ける」ことを学び、エウリピデスの『トロイの女』は、ヘクトルの盾の縁に、彼の髭から滴り落ちる汗でシミができる様を描写している。つまり、アスピスの上縁部は顔の近く、または顎の下に来、当然ながら盾を肩で支えていることを示唆している（彼の盾の縁が吸水性の物質、おそらく革で覆われていたことも推測できる）。
　アスピスを握ると、肘が盾の中央に来るため、盾の重量はこのバンドを中心にして、左右均等にかかる。盾の重量を支えるのは上腕部が接続する肩であり、前腕部は盾の動きをコントロールするだけである。これにより、戦闘中に腕にかかる負担を限り

85

第一部　古代ギリシア

なく軽減することができる。また、盾の湾曲が快適に肩に座る位置に来るように設計されているため、筋肉ではなく骨格で盾を支えることができ、疲労しにくい。

4頭立て戦車と重装槍兵。イラストは戦車を牽く馬の1頭と、おそらく随伴であろう重装槍兵。馬と重装槍兵を正面から見た絵は非常に珍しい。盾は肩に乗せた「休め」の姿勢。腰巻は布を半分に折り、腰に巻いた後に中央部をかいつまんで持ち上げて動きの邪魔にならないようにしている。いわば着物の「尻端折り」を前後裏表逆にした着方をしている。前520年。

　肩で盾を支えるには、右足を引いて斜めに構える必要がある。また、コリント式の兜は、首を守るために下に伸びた頬当てによって首の旋回が阻害されるため、これまで提唱されていたように、敵に対して真横を向く姿勢はとれない。

　この斜め立ちは、当時の遺物からも推測できる。当時の防具にみられる損傷の大半は、兜と鎧の正面左側、左脛当ての外側、右すね当ての内側にあるといい、これは斜め立ちの時に相手と正対する部位である。

　盾は正面を敵に向けて持つというのが一般的な意見である。しかし、中世以降の武術では、盾を正面に構えて持つことはほとんどなく（例外的に盾が湾曲している場合を除く）、盾を正面に構えるのは、損多くして益なしとみなされていた。というのも、盾で自分の視界を塞いでしまったり（初心者が犯す最も一般的な間違いという）、盾が邪魔で右手が自由に使えなかったり、体当たりなどで盾を押し込まれただけで、盾が体に密着して右腕の動きが封じられてしまうからである。

　中世には、盾は斜めに、しかも腕を伸ばすように持っていた。盾の縁を相手の左肩に向けるようにして持つことで、体を最大限にカバーし、同時に視界や武器の動きを妨げないようにする。さらに、正面を向ける持ち方ではアスピスの左半分（肘の後方に伸びる部分）が無駄になるのに対し、この持ち方は盾の全面積で体をカバーできる。さらに、相手が盾を回転させようとしたり、体に押し付けようとしても、相手の力は角度のついた盾の表面を滑って逸れていく。

　この持ち方は、ギリシアの壺絵やフリーズなどに頻繁に登場するのだが、学者たちは、これは三次元を描写する技術がない時代の「芸術的表現方法」で、実際の

盾の使い方を描いたものではないという。しかし、盾を横や斜めから描いた壺絵も多く残っているところから、この盾の描写は技術力ではなく実際の盾の使い方を反映しているとする方が自然だ。また、この持ち方なら、後の戦闘モデルで紹介する散会隊列から密集隊列への移動もスムーズに行える。

左の兵士は盾を振り上げて攻撃の邪魔にならないようにしている。右の人物はケープを盾代わりにしている（首後ろの円は帽子）。どちらの兵士も攻撃時のモーションは変わらない。

アマゾンと英雄。英雄は典型的な攻撃の姿勢、アマゾンは降伏のポーズをとっている。

ペルシア騎兵対重装槍兵。前5世紀。

クサントス市のネレイド記念碑の一部。アスピスを肩に乗せた状態がよくわかる。この浮彫では、盾を効果的に使うため、敵を左側に見て戦う様子がよく表現されている。左の弓兵は、人差し指、中指、薬指を弦にかける地中海式の弓の引き方をしている。

左のボイオティア式盾を構える兵士は、剣を抜いて腰を落とし、敵の左側に回り込もうとしている。ボイオティア式の使い方と敵との相対的な位置関係がよくわかる。前6世紀。

第一部 古代ギリシア

　もう一つの持ち方として、盾を正面にむけて構え、下部を持ち上げるように斜めに持つ方法がある。ボイオティア式盾の持ち方であるが、壺絵では防御態勢に入っている人物がこの持ち方を多くしていることから、防御優先時の持ち方と言える。盾の下部を持ち上げるのは、動くときに盾が足にぶつからないようにしつつ、足をカバーするためだ。

左の戦士はハルキス型兜にプテルグスらしきものを付けた鎧を着ている。盾を正面構えにしているが、槍を上手持ちで持っているので、盾が邪魔にならない。右の戦士はすでに戦意を喪失している。シポスは通常の長さ。盾はアンティラベの貼り方やグリップの位置、装飾がよくわかる。盾でカバーできない右側面に負傷している。

スキタイ（ペルシア）人戦士と戦うスパルタ兵。スキタイ人は典型的な東方の蛮族の装備で身を固めている。枝編み細工のペルテで左半身をカバーしつつ、斧を振り上げている。一方のスパルタ兵はピロスと盾、脛当てのみの軽装で、盾を正面上段に構えて斧の一撃に備えつつ、下から槍を突き出そうとしている。槍の持ち手はかなり後方にある。

ペルシア人を倒すスパルタ兵。スパルタ兵は、正面に構えた盾の下を持ち上げる、上からの攻撃に対する典型的な構え。槍は下手持ち。

ボイオティア式盾の使用法が立体的にわかる。盾の裾を持ち上げることでより効果的に体をカバーし、なおかつ足や手を邪魔しない。

88

第 2 章 戦闘術

アスピスとボイオティア式盾の使用法の違い。アスピスは前腕が水平になるのに対し、ボエオティア式は腕をまっすぐ下に伸ばしている。

ボイオティア式盾の持ち方。上手持ちで攻撃している左の人物に対し、右の人物は盾を正面に向けて防御態勢に入っている。槍は抱え持ちに近い。

アマゾンとの戦い。中央の騎兵の槍には革を巻きつけたグリップがある。剣は柄の形状からコピス。ブーツは、前のフラップが動かないように靴ひもで抑え込んでおり、足の甲までレーシングしているのが見える。中央下段の兵士は盾で全身をカバーする防御態勢。その上の兵士は、肩紐付きのエクソミスの上にケープを羽織り、邪魔にならないように体に巻きつけている。槍の持ち方は逆上手持ちだが、おそらく抱え持ちから腕を挙げた状態であろう。盾は前に突きだす典型的な構え。左のアマゾン戦士二人は、ともに斧を振りかぶっているが、どちらも剣（コピス）を下げている。特に、一番右の戦士はアスピスと兜を装備しており、重装歩兵なのだろう。

ヘラクレスと戦う戦士。右の戦士が盾を正面に構えているのは、上手持ちのため、盾が槍の邪魔にならないためであろう。中央の戦士は、通常のボエオティア式の構えと違う盾の持ち方をしているが、それはヘラクレスにクレストを掴まれて体勢を崩しているため。また、戦士は二人とも鎧ではなく服（スポラス？）を着ている。ヘラクレスの背中には弓と矢が入った箙が見える。

エトルリアの壁画。決闘をする戦士たち。右の戦士はアスピスを正面に構えて、投槍を投げようとしているところ。左の戦士は左手に盾代わりのケープをかけ、投槍を2本持っている。見えにくいが、右手には槍が握られている。

兵士たちはみなケープと兜以外全裸。ケープが邪魔にならないように様々な方法で留めている。左で戦う兵士たちの盾が立体的に描かれ、戦闘時の盾の角度がよくわかる。

第一部 古代ギリシア

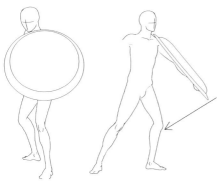

正面構え。上半身を完全にカバーするが、盾の左半分が無駄になる上、槍を上手持ちにしないと右腕の邪魔になる。矢印は、上方から攻撃された時のカバー範囲を図解したもので、矢印より急角度の攻撃は、全て盾か脛当てに防がれてしまう。ボエオティア式盾の標準の持ち方で、この盾に切れ込みを入れると、左半分の無駄な面積が減少し、右腕が邪魔にならない空間を作り出す。

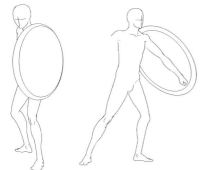

正面構えの盾の角度を変えたもの。通常の正面構えに比べて、無駄になるカバー面積が少なく、右腕をあまり邪魔しない。

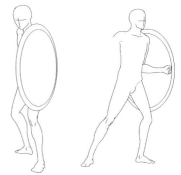

おそらく最も一般的と思われる構え方。肩で盾を支えるため疲労が少なく、右腕を邪魔しない。カバー範囲も広く、上半身と腿をしっかりとガードする。一方盾の下縁が右脚に近すぎるため、小刻みにちょこちょこと前進するしかない。

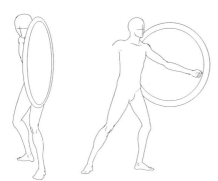

腕を伸ばした、中世・ルネッサンス期の盾の持ち方。アスピスの構造上盾が上がり、頭部の左側をガードするが、脚のカバーは甘くなる。右上の持ち方と違い、脚の動きを妨げないため、素早く動くことができる。

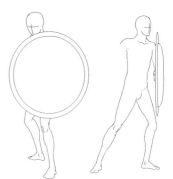

現在の定説。上半身と腿を完全にカバーするが、右腕の邪魔になる。右脚と盾の下縁がほぼ接触しているため、素早く移動ができない。

槍術

1．持ち方

　槍の持ち方について、これまでは上手持ち（右手を頭上に掲げた姿勢。穂先は小指側）と下手持ち（右手がウエストと腰の間に来る。穂先は親指側）の二種類が提唱されてきた。壺絵などに最も多く表現されている持ち方は上手持ちであり、この持ち方が最も一般的な槍の持ち方であるとされてきた。しかし、マシューは考察や実験の結果、第三の「抱え突き」を提唱した。

　抱え突きとは、槍を腋の下に抱え込むようにして持つ方法で、他の持ち方のように前腕が槍から離れず、槍に沿う。腋のすぐ下から鳩尾のあたりまでの範囲に高さを変えられる他、上腕と肋骨で槍を挟み込んで槍を支えることも可能である。槍の穂先の上下は肘を中心に前腕を回転させて行う（その他の方法では手首を使う）。抱え持ちの状態から手を下げると下手持ちになり、手を上に上げると、手の位置を逆にした上手持ち（第四の「逆上手持ち」）になる。

　槍を突き出す時に、手が反時計回りに回転するのも特徴である。この捻りにより、槍のブレが減少し、命中率が上がる。

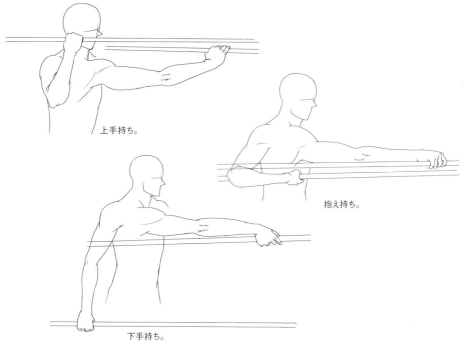

上手持ち。

抱え持ち。

下手持ち。

第一部 古代ギリシア

ティタノマキア(巨人と神々の戦い)。右の人物は、盾を後方に振り出し、右足を大きく踏み込んで、逆上手持ち(抱え持ち)の槍を力いっぱいに突き出している。持ち方に関わらず槍を突き出した瞬間を描いた例は非常に稀。左の巨人は、クレストが二つある兜を被り、倒れながらも剣を抜こうとしている。

抱え持ちの例。

下手持ち、または抱え持ちで戦う兵士。

様々なタイプの鎧(リノソラクス、ベル型筋肉型鎧、裸)が混在しており、当時の戦場の様子がリアルにわかる。中央の兵士は右足を大きく前に踏み出して、必殺の一撃を加えているところ。槍の角度から上手持ちでの攻撃で、おそらく相手の盾の上から、下へと急角度で、盾を回り込むように突いて腿を刺したのだろう。

逆上手持ちであることを除けば、典型的な攻撃の姿勢。

第 2 章　戦闘術

ペルシア兵と戦うギリシア兵。ペルシア兵は手持ち式のペルテで必死に防御している。対するギリシア兵は、下手、または抱え持ちの槍を手に敵に肉薄している。装飾性の高い盾の文様は、海に浮かぶ太陽と、それを取り囲む月桂樹で、太陽神アポロンの象徴。前5世紀。

テセウスとアマゾン女王アンドロマケの戦いを描いた壺絵。上段はどちらも盾をやや斜めに傾けた構え。下段は抱え持ちで、盾の角度を微妙に変えて、槍を邪魔せずに最大限のカバー面積を確保している。前450〜425年。

アマゾンと戦うテセウスとロイコス。テセウス（左の男性兵士）は、大きく一歩を踏み出しつつ剣を振り上げ、必殺の一撃を繰り出そうとしている。中央のロイコスは、一見両手で槍を持っているように見えるが、実際は抱え持ちの状態から、ケープをかけた左手を闘牛士のように右へと突き出して体をカバーしている。前475〜425年。

下手、または抱え持ちで槍を持ち、豹の毛皮を盾代わりにする若者。顎紐の結び方がよくわかる。

トラキア人ペルタスト。槍を上手持ちで構えている。上手持ちの時は、この様に手の位置を低くした方が効率がいい。

2. 実験

■実験1：リーチと命中率

マシューの実験を表にしたのが下記である。

これを見ると、抱え持ちは、最少戦闘距離である構え時のリーチが（僅差だが）最も長く不利だが、槍を突き出した時のリーチも長いため、敵の接近を許さずに戦える（リーチは左足のつま先から穂先までの距離）。

直径10cmの的に対する命中率は、抱え持ちが最も命中率がいい。その後15分間、槍を使ってシャドーボクシングした後の結果が疲労時の命中率で、やはり抱え持ちが最も命中率がよかった。

■槍の持ち方

持ち方	リーチ・構え (cm)	リーチ・突き (cm)	戦闘距離 (cm)	命中率・命中 (%)
上手持ち	100-150	177-220	70-77	74 (51)
下手持ち	111-163	184-220	63-73	55 (45)
抱え持ち	129-166	199-240	70-74	83 (63)
逆上手持ち	100-147	153-227	53-80	

()内は疲労時の命中率

■実験2：耐久力テスト

15分のシャドーボクシングを行う実験では、最も疲労が少ないのは抱え突きという結果が出た。抱え突きは他の持ち方と違い、腕の位置（槍の高さ）を調節できるため、筋肉を休めながら戦うことができるためである。逆に一番疲労しやすいのは上手突きで、槍の重量を常に支える必要があるため、肩の筋肉が疲労しやすい。

■実験3：著者による実験

先に上げたマシューの実験を受けて、著者も似た実験を行った。実験では重量約2kg、長さ1.8mの鉄パイプを使うことで、疲労や重量の効果を過大に引き出すことにした。これを、各種の持ち方ごとに一日10分ずつ3か月間行い、その時に感じたことを記録した。

●**上手持ち**：まず感じるのは、攻撃時の不安定さである。突き出すと同時に、槍と手首との角度が増し、槍が手からもぎ取れるようになるため、力をセーブしないとならない上、リーチが非常に短い。

また、穂先が上下に大きくブレ、その勢いを打ち消すまで槍を引くことができない。これは、槍を手首の力だけで保持しているためである。古来より、槍は突くことよりも引くことが大事といわれているが、初撃を外した場合に槍を掴まれてしまう可能性が高い。さらには、敵が槍を払いのけてきた時にはなすすべがない。槍は簡単に払われ、素早く元の位置に戻せない。

　２分間できるだけ素早く槍を突き続ける実験では、疲労が激しい上に槍がぶれすぎてまともに突くことができなくなる。ジャブで相手の態勢を崩して攻撃という戦法は不可能である。一方で、相手の盾の上を狙いやすく、首や顔といった急所を狙うのに最も適している。

●**抱え持ち**：力のかかり具合が全く違う。上手持ちと比較して、体感ではおよそ５倍以上の力が出せる。腰の回転を使って、槍を真っ直ぐ押し出す感じで突くと、最も効率よく、素早く突ける。槍と目標との距離が最も小さいため、命中までの時間が最小であるのも強みである。突いた後も槍がほとんどぶれないため、即座に槍を引くことができ、敵に槍を掴まれることはほとんどないだろう。

　２分間の連続テストでも、疲労が少ない。肩の筋肉の負担が大きくなるが、その時は槍を下げることで肩への負担を減らして攻撃できる。

　一方で、マシューが提唱している脇のすぐ下に槍を持ってくる方法は、肩への負担が大きすぎて現実的ではないという印象を受けた。最も楽な持ち方は、槍を鳩尾あたりまで下げた時だ。

　相手の顔ではなく、胴体に狙いをつけた方がやりやすい。槍を手首だけではなく、肘でも支えるので、槍を払われても、脇で槍を挟み込むようにすることで直ちに槍の狙いを戻せる。しかも、この状態なら、相手の槍を払いのけることさえ可能である。同じ要領で素早く横に狙いを変えられるので、眼前の敵だけではなく、その左隣（こちらから見て右）の敵に攻撃することもできる。前方の相手を攻撃しつつ踏み込み、素早く槍を右へと振って、隣の敵の無防備な脇腹に突きを入れたり、距離を詰めようと踏み込んでくる敵の脇腹に突きを入れたりと、様々な用途に使えるのだ。

●**下手持ち**：長所は抱え持ちとほぼ同じだが、槍を手首の力だけで保持するので、槍を払われたりすると弱い。また、槍と標的の距離が大きいため、攻撃のスピードは抱え持ちより遅くなる。抱え持ちと同様に、ターゲットが下の方が命中させやすい。顔など上方のターゲットを狙うと、槍が上にぶれる傾向にある。

　この持ち方で最も効率的な持ち方は、槍を握りしめずに、指を緩めて、中指の上に槍を乗せるようにする。そして、腕を真っ直ぐにしたまま、振り子運動のようにして突く方法である。ただし、この方法では攻撃のスピードは遅く

なるうえ、威力も落ちる。

●**逆上手持ち**：論外ともいえる持ち方。非常に不自然な持ち方なので、力を入れることがほとんどできない。また、手首の回転角度の関係から、体を左に傾けないとまっすぐ前に突くのが難しく、穂先が左にずれる傾向がある。もしも槍を内側から外側へと払われたら、槍が手から吹き飛ぶ可能性もある。

　以上の結果から、抱え持ちが最も戦闘に適し、次に下手持ちと上手持ちがほぼ同着となる（逆上手持ちは論外）。上手持ちは、槍を上に担いでいるので、敵の盾の上縁を超えるように攻撃できるが、力をセーブしないとならず、狙いを素早く変更できない。抱え持ちや下手持ちは効率がよく柔軟性があるが、最も防御の厚い部位（盾や胸部）に攻撃が向くという欠点がある。おそらく、当時の戦場では抱え持ちが一般的で、それに混じる形で上手持ちが使われていたのだろう。前403年のピラエウスの戦いで戦死したスパルタ兵の遺体の肋骨に槍の穂先が刺さっていたことも抱え持ちが使われた間接的証拠になるかもしれない。

　また、前述のように、地面の敵を倒す時に石突が使われた事実も、上手持ちが当時の主流でなかったことの証拠になるだろう。上手持ちなら、そのまま穂先で地面の敵を突けるからだ。

剣術

　剣を使った武術の詳細は現在まで残されていないが、剣の構造や当時の壺絵などから、基本的なことは推測できる。

　コピスやマカイラは左手のアスピスを邪魔しない軌道、すなわち左肩上から斜めに振り下ろすか横に切り付ける方法と、右肩上からほぼ垂直に振り下ろす斬撃（ハルモディオス切りと呼ばれている）に適し、実際に壺絵にも剣を振りかぶったポーズが頻繁に登場する。また、盾ごとぶつかって相手に密着し、盾の下の足めがけて切りつける方法も有効だ。

　シポスは斬突両用剣であるため、壺絵には斬撃と刺突が半々程度登場する。上記の斬撃の他、敵の盾の上から、首元や顔に滑り込ませるように突いたり、密着して、敵の脇腹や腿を突いたりしたのだろう。

　実際の人骨などを見ると、脚への攻撃が最も多かったといわれている。前338年のカイロネイアの戦いで戦死したテーバイ神聖軍団の遺骨の分析では、遺体の多くが脛に複数の切り傷を受けており、頭部に切り傷を持つ遺体も多かった。特に凄惨

第 2 章　戦闘術

なのが「ガンマ16」と名付けられた遺体で、こめかみから顔面を削ぎ落すように切られていたという。

アマゾンとの戦い。両手での槍の使い方がわかる。左のアマゾンは、槍を回転させて石突で攻撃し、右端の軽装歩兵は両手で槍を掴んで馬の胸に狙いを付けている。中央の兵士（手前に描かれているが、実際は騎兵の向こう側にいる）は、勢いの止まった騎兵に一歩踏み込みつつ剣を大きく振りかぶって必殺の一撃を見舞おうとしているところ。

ペルシア人と戦う兵士。兵士はマカイラを左肩上に振りかぶり、ペルシア兵は剣でそれを受け止めようとしている。剣での防御を描いた珍しい例。

ハルモディオス切り。他にもピロスの顎紐のつけ方の詳細や、靴下とブーツの細部など普段省略されがちなディテールがわかる。

 訓練

　古代ギリシアでは戦争は身近なものであったにも関わらず、戦闘の技術を系統立てて訓練しようとする試みは（スパルタを除いて）ほとんどなされなかった。
　しかし、彼らが何もしていなかったわけではない。古代のスポーツは、基礎的な軍事訓練であった。レスリングなど格闘技の他にも、ホプリトドロモス（武装状態で走る徒競走）や槍投げ、馬や戦車に乗ってある距離を走った後、馬（戦車）から飛び降り、一定の距離を走って再び馬に飛び乗るという、戦闘訓練を念頭に置いたとはっきりわかる競技も多数存在している。

97

第一部　古代ギリシア

　もう一つの訓練法は、ダンスである。スパルタ人はピリッキオス・ダンス（Pyrrhichios）を好むことで知られていた。これはジャンプや、敵の攻撃を避けたり、フェイントをかけたりする動きを含み、演武や中国武術の套路に極めて近いものだろう。これらの動きはファランクスの戦法に適さないため、散会隊形での戦いか、ファランクスの成熟期以前の訓練が残ったものと思われる。

　反対に、乱取り形式の訓練は、ほとんど記録されていない。スパルタでも、実際には戦闘術より行軍や隊列の組み方に訓練の比重が置かれていた。しかし最も重視されていたのは、戦闘技量でも統制でもなく、飢餓や悪環境、恐怖や苦痛といった精神的・肉体的逆境に耐えうる心身の育成にあった。いうならば、スパルタに代表されるギリシア諸都市国家の兵士は「戦士」ではなく「兵士」だったのだ。

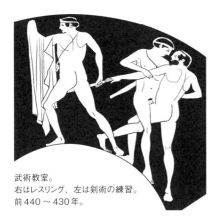

武術教室。
右はレスリング、左は剣術の練習。
前440～430年。

ホプリトドロモス。武装状態で走る競技で、古代オリンピックの種目でもあった。イラストは比較的初期の頃で、盾の他に兜と脛当てを着けている。特筆すべきは盾のスペア・グリップと、脛当ての下端をひもで縛っているらしいこと。水泳の飛び込みのような姿勢だが、これが当時のスターティング・ポジションで、盾を持っていないときは両手をそろえて前に出す。

ピュリッキオス・ダンスを踊る若者。

第3章 編成と組織

 軍の編成

　古代ギリシアの動員力は意外と低い。ギリシア最大の戦いといわれる前394年のネメアの戦いでも両軍合わせて5万、ペロポネソス戦争前期最大の会戦である前418年のマンティネアの戦いで2万以下、通常は両軍ともに数千程度の兵力しかなかったといわれている。当時の軍事制度は、装備を自弁することが前提で成り立っているため、一部の富裕層しか重装槍兵になれない。そして、古今東西の特権階級は、自分の権利を守るために新規参入者の参入を阻止する傾向にあり、それが軍事的リソースの制限という結果となったのだ。

　しかし、記録に残る「兵士数」は重装槍兵の数であり、それ以外の兵種（軽装歩兵や騎兵）の数は無視されたのも事実である。軽装歩兵たちの正確な数を割り出すことは困難だが、重装槍兵と同数以上と言われている。

　さらに重装槍兵一人につき一人の従者がいて、身の回りの世話や、盾を含む荷物の運搬を担当していたという。物資を輸送する輜重隊には指揮系統や統制は存在しておらず、各兵士の従者や奴隷、商人などが集まった雑多なものだった。例外はスパルタで、軍の召集時に職人（装備品や日用品の制作・修理）や荷役用の家畜なども召集・編成される。輜重隊は中央管理されており、指揮官は国王主催の軍議への出席も認められていた。スパルタ軍には医師も従軍していたが、他の国では医師の存在は確認されていない。クセノフォンの『アナバシス』では、傭兵隊1万人に医師は8人しかいなかった。

1．編成の基本

　市民兵である重装槍兵は、戦場に赴くときも同じ村、共同体の者が一団になって

99

第一部　古代ギリシア

戦った。家族や隣近所の人間と肩を並べて戦うことは、兵士たちに一体感と安心感、使命感を与えるとともに、兵士たちが逃亡しないよう相互監視する効果を持つ。古代ギリシアの共同体は、単なる隣近所の集まりではない。多くは神話の時代から続く血縁関係を持ち、農耕時などの助け合いは元より、祭りや儀式などの宗教行事などを通じ、常に互いの結束を確かめ合う、強固に結束された集団だった。

　ファランクスの基本単位はロコス（Lochos）と呼ばれる。「襲撃・待ち伏せ」という意味で、戦争が隣村との襲撃・略奪戦だった頃の名残だろう。ロコスは多くの場合、数百人単位の集団を指している。おそらく1村（1共同体）＝1ロコスであり、それぞれ村の有力者が率いていたのだろう。スパルタ以外の軍隊にはこのロコス以下の編成単位がなく、部隊のきめ細やかな指揮・管理・統制ができなかった。

　時代が下るにつれ、ロコスは「同一共同体出身者で構成された集団」から「部隊編成の単位の一つ」へと変わっていく。後期のロコスは100人一組が一般的だったようだ。前4世紀の『アナバシス』では「ロカゴス（ロコスの指揮官）に指揮される6個ロコス各100人」という記述があり、後に80個ロコスについて描写した時にも「各ロコスは大体100人ほど」と描写している。

2．アテネの編成

　アテネ市民は財産によって4階級に分類される。最貧層はテーテス（Thētes：賃金労働者階級）で、ガレー船の漕ぎ手または軽装歩兵として戦う。次に来るのはゼウギタイ（Zeugitai：「頸木階級」小麦200メディムノス（10480リットル）以上の年収を持つ資産階級。実務クラスの行政職への就任が可能）で、重装槍兵として軍の中核を担う。その上に騎兵として活躍するヒッペイス（Hippeis：「騎兵階級」年収小麦300メディムノス（15720リットル）以上）がいる。最富裕層はペンタコシオメディムノイ（Pentacosiomedimnoi：「500メディムノス階級」年収小麦500メディムノス（26200リットル）以上。政府の最高意思決定職への就任が可能）と呼ばれ、自費で三段櫂船一隻の維持費を賄い、その艦長として指揮をとった。しかし、この区分は厳格ではない。有名な例はソクラテスで、彼は資産500ドラクマのテーテス階級であるにもかかわらず、パトロンの援助で重装槍兵として参戦し幾度も優秀な働きをしている。

　また、20歳以下か40歳以上の市民は、戦場ではなく、町の守備などの比較的楽な任務に就いた。

　それぞれの市民はデメ（Deme）またはデモス（Demos）という地域単位で召集される。アテネには139のデメがあり、それぞれアテネを構成する10氏族のどれかに

属していた。動員が決定されると、デメごとに動員すべき兵士数と集合日時・場所が公布され、市民たちはそれに応じて集合するという手順を踏んでいたらしい。

軍の最上級指揮官はストラテゴス（Strategos：将軍）という。ストラテゴスの指揮権は部隊単位ではなく作戦単位、つまり作戦のために編成された全部隊の指揮を執るため、重装槍兵のみではなく軽装歩兵や騎兵、輜重部隊や戦艦隊、輸送船団などの指揮も担当し、戦場ではファランクスを率いて戦った。これは現代の任務部隊（タスクフォース）の概念と同じである。

重装槍兵隊は、10氏族ごとの氏族隊（Taxeis）に細分化され、それぞれ氏族長（Taxiarchos）が指揮した。これら氏族隊は同数になるように編成され、各隊1000人程度だった（記録では最小700、最大1300）。氏族隊はさらにロコスに分割される。兵数は不明だが、数十人から2、300人の間と推定されている。

騎兵隊は10氏族ごとの部隊に編成され、それぞれヒッパルコイ（Hipparchoi：複数形）によって指揮されていた。

3．スパルタの編成

スパルタの軍事制度は、ギリシア諸都市の中で最も詳細な記録が残っている。

スパルタの軍事的・社会的基本単位はクレロイ（Kleroi）という。クレロイとはスパルタ成人男性に与えられる土地で、このクレロイからの収入で家族を養う。初期のスパルタには9000のクレロイが存在し、約9000名の軍役可能者がいた。以来、スパルタ兵の数は減少の一途をたどる。クレロイは売買できないため、相続時に子供（女子も含む）の数に応じてクレロイを分割しなければならなくなり、収入が減っていく（古代でもこの問題は認識されており、Oliganthropiaと呼ばれていた）。そして、自分の武装（もしくは共同体の運営費用）を払えないものはスパルタ正市民（Homoioi）としての資格を失い、第二級市民（Hypomeiones）に降格してしまうため、どうあがいても市民兵の数が減少するシステムになっているのである（スパルタ社会は兵士の数を増やすため多産を奨励しているが、その結果は皮肉にも兵士の減少となる）。スパルタ最盛期の前6世紀には10000名のスパルタ市民兵を中核とした軍があったと推測されているが、前479年のプラタエアではスパルタ兵は5000人（ヘロドトスは同時期のスパルタの成人男子の人口を8000人としている）に半減している。前418年のマンティネアでは、完全動員体制にもかかわらず、スパルタ兵は僅か2800人。前370年代後半には、従軍可能な成人男子数は1200人前後、二級市民もそれをわずかに上回る程度と推定されている。前371年のレウクトラでのスパルタ兵はたった700人で、しかもこのうち400人が戦死するという大惨事が起きている。

スパルタ軍の動員は、スパルタの元老たちによって決定される。毎年、彼らはその年の戦争の規模を推定し、何歳までの兵士を動員するか決定する。例えば前347年のテルモピュライの戦い（ペルシア軍を相手にした有名な戦いとは別）では40歳までが動員され、前338年のカイロネイアでは50歳までの兵士が動員された。この時動員対象にならなかった年齢層は、スパルタ本国の防衛任務や予備軍として後方に待機した。

初期のスパルタ軍は、他の諸都市と同様に、地域・血縁集団ごとのグループに分かれていたようだ。前7世紀頃の軍はパンピュロイ（Pamphyloi）、ヒュレイス（Hylleis）、デュマネス（Dymanes）の三氏族軍で構成され、それぞれ9～27個の血縁団（Phratra）に分かれていたとされているが、前5世紀初めのペルシア戦争期までには、スパルタを構成する5つの村が、それぞれ1000人規模のロコスを動員する制度に変わっている（これらのロコスは、エドロスまたはアイドリオス、シニス、アリマスまたはサリナス、プロアス、メッソアゲスまたはメソアテスと呼ばれていた）。

約60年後の前418年のマンティネアの戦いでは、全軍は7つのロコス（定数512人）に分かれ、ロカゴス（Lochagos）が指揮するようになっていた。このロコスはペンテコステル（Pentekoster）が指揮する4個「50分の1隊」（Pentykostys：定数128人）で構成され、「50分の1隊」は、エノモタルク（Enomotarches）が指揮する「誓約団」（Enomotia：定数32人）4個に分かれていた。

■マンティネア（前418年）のスパルタ軍の編成

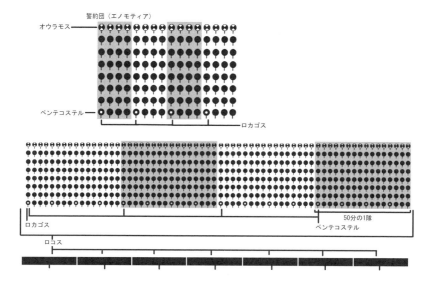

「誓約団」は最小の戦術単位で、幅4列、縦深8段の隊列を組む。それぞれの隊列の最後尾にはオウラゴス（Ouragos）という下士官がいて、隊列の乱れを正したり、後ずさりする兵士を押し戻していた。この隊列の中間に、さらに別の士官がいた可能性も指摘されているが、確証はない。クセノフォンによると、「誓約団」は幅3、6列をとることもあったらしい。

マンティネアから15年後の前403年頃には、新たな編成単位モーラ（Mora：分隊）が確認される。スパルタ軍は6個モーラで構成され、それぞれポレマルク（Polemarch）が指揮した。このモーラはさらに4個のロコスに分割され、1個ロコスは2個「50分の1隊」に、1個「50分の1隊」は2個「誓約団」に分れる。1個モーラの兵数は、大体500〜900人ほどだったようだ。騎兵も騎兵モーラ（指揮官Hipparmostes）という部隊に編成されていた。兵数は約120騎とされるが、前394年のネメアでは600騎の騎兵がいたらしい。

このほかには、同盟都市から召集された同盟軍やペリオイコイ（スパルタに属するラコニア地方の市民）、ネオダモデイス（Neodamodeis：軍務につくことと引き換えに自由を得た元ヘロット）、二級市民兵などが加わって軍を形成していた。近年の研究によると、ペリオイコイはスパルタ市民兵部隊の一部として従軍していたらしいとされている。おそらくスパルタ市民兵に前後をサンドウィッチされる形で配置されたのだろう。

■クセノフォンによるスパルタ軍の編成（前403〜371年）

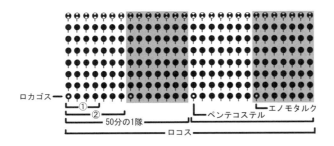

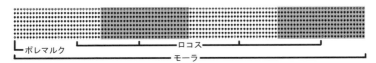

上はロコスの編成で、①は32人編成の誓約団（1個モーラ512人）、
②は56人編成の誓約団（1個モーラ896人）。ここでは最大の896人モーラを図解している。
このモーラ6個がスパルタ軍重装槍兵隊の総数である。

■隊列の構成

クセノフォンは、隊列の最前列と最後尾に最も勇敢な兵士を置くことを奨め、その結果、隊列は「最前列の兵士によって導かれ、最後尾の兵士に押されて」進むことになると述べている。これは、ホメロスの叙事詩にも登場する、伝統的な隊列構成であった。それぞれの指揮官は部隊の最前列最右翼に立つ。この位置は盾でカバーできない右半身をがら空きにする最も危険な場所で、最も名誉ある場所とされていた。さらに、スパルタ王の従軍時には50人の親衛隊と、ヒッペイスという精鋭部隊が王の周囲を固めたというが、詳細は不明である。

4．ボイオティア同盟の編成

前5世紀から4世紀まで続いたボイオティア同盟では、まず同盟都市の中から11人の同盟将軍（Boeotarchs）を選出し、それぞれが同盟諸都市から徴収された重装槍兵1000人と騎兵100騎からなるメーロス（Meros：部隊）を指揮した。

精鋭部隊

重装槍兵は、自分で生計を立てていた自由市民がなるため、古代ギリシアには職業軍人的な精鋭部隊はなかったとされている。しかし、多くの都市では特別に選抜された精鋭兵部隊（Epilektoi）が存在していた。

テーバイの神聖軍団（Hieros Lochos）は、前370年の政変直後に結成された部隊で、民主主義に忠誠を誓った150組の同性愛者のカップルからなる部隊である（その後も同性愛者だけで編成されていたかは不明）。公費で生活を賄われる代わりに、昼夜徹底した訓練を積み、常時戦闘態勢にあったという。この部隊が最初に登場するのは前375年のテギュラの戦いで、倍の兵力のスパルタ軍を史上初めて正面から撃破し、スパルタ軍司令官二人をまとめて討ち取ったことで一躍有名になった。この部隊は、レウクトラの戦いまで独立して隊列を組むことをせず、全軍の最前列に立って後続を牽引する役割を持っていた。他にもヘミオコイまたはパラバテス（Hemiochoi, Parabates）と呼ばれる精鋭部隊もあったらしいが、詳細は不明である。

スパルタは、ヒッペイス（Hippeis）という部隊を持っていた。30歳以下の青年たちの中から選抜された300人の兵士からなり、オリンピック優勝者はこのヒッペイスの一員となる権利が与えられたという。国王の親衛隊と言われるが、実際は将来有望な人材を集めたエリート候補生集団だったらしい（戦争期の国王には別に50人の親衛隊がついていた）。どちらの例にしても、兵数が300人ということに注目したい。テルモピュライでも300人のスパルタ兵が選ばれたが、当時の人々にとって300という数字は、精鋭部隊の兵数という伝統があったのだ。

隊列

古代ギリシア語の「規律（Eutaxia）」には「整然と並んだ」という意味があり、兵士の隊列が整然としている様を表している。ペルシアに亡命中のスパルタ王が「1対1ならスパルタ兵は他の国の兵士と何ら変わらないが、軍団としてならスパルタ兵に敵うものは存在しない」と表したように、隊列の維持はファランクス戦法の絶対条件であった。

1. 隊列の深さ

ファランクスは8段縦深といわれているが、実際には状況に応じて様々な縦深が採用された。隊列の縦深は、部隊を率いる隊長が個別に決めていたと思われる。記録にも、隊列の深さをどうするか協議したり、前日の取り決めを破って勝手に縦深を変更したりした部隊があったことが記されている。

■記録に残る縦深

1段	ディバエア（スパルタ軍：前471年）
2段	テーバイ（スパルタ軍：前394年）
数段	マラトン（ギリシア連合軍：前490年）
4段	アテネ（スパルタ軍：前408年）
8段	デリウム（アテネ軍：前424年）など計10例
9・10段	ピラエウス（アテネ軍：前404年。原文「10列以下」） マンティネア（スパルタ軍：前370年。原文「9〜10列」）
12段	レウクトラ（スパルタ軍：前371年。原文「12列以下」）
16段	シラクサ（シラクサ軍：前415年） ネメア（前394年）
25段	デリウム（テーバイ軍：前424年）
50段	ピラエウスへの行軍（アテネ軍：前404年） レウクトラ（テーバイ軍：前371年。原文「少なくとも50列」）
凄まじく深い	シラクサ（シラクサ軍：前415年）など計4例

適切な縦深の深さは、古代でも活発に議論されていたトピックであった。深すぎると後列の兵士たちが戦闘に参加できず、正面幅が狭くなるので部隊が包囲されやすくなる。逆に縦深が浅すぎると、死傷者により生じた穴を埋める予備の人員がいないため、簡単に突破されてしまう。初期には8段、前4世紀末頃には12段が最適縦深であると考えられていたようだ。

テーバイ軍は、部隊に「重さ」を加えるために特に深い縦深を好むことで知られていた。この「重さ」が何であるか詳細な説明はないが、背後に多くの味方がいるという安心感を与えて士気を上げ、敵を多数の味方の姿で威圧することを意味しているのだろう。また、縦深の深い隊列は質的劣勢を緩和するためという説もある。ファランクス同士の戦いは一種の我慢比べのようなものであり、相手が崩れるまで耐え抜く力を与えてくれるのが、縦深の深さであるというのだ。

2. 兵士同士の間隔

前2世紀の軍事理論家アスクレピオドトゥスによると、兵士達は幅4キュービット（約1.85m）を基準とし、2キュービット（0.92m）、1キュービット（0.46m）間隔で整列したという。縦深の間隔も横と同じ4、2、1キュービット間隔だ。基準の4キュービット間隔には特に名前はない（本書では散開隊列）が、2キュービット間隔は「通常隊列（Pyknosis、原文：密集隊列）」、1キュービット間隔は「密集隊列（Synaspismos、原文：シールドロック）」と呼ばれる。散開隊列は行軍・陣形編成・行進時に、密集隊列は敵の攻撃を受け止めるときの防御隊列とされている。通常隊列は、文脈から見て戦闘時の隊列である。縦深は状況によって変化するとしている。

感覚的には、真っ直ぐ立った時に肩と肩が触れ合う幅が密集隊列、盾を正面に持った時に、盾の縁同士が触れ合う程度の幅（または片手を真っ直ぐ横に伸ばして、隣の肩に指先が触れる程度）が通常隊列、両腕を広げて隣の指先同士が触れる程度が散開隊列である。

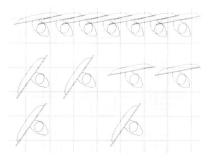

各隊列の間隔。上から密集隊列、通常隊列、散開隊列。通常隊列は、比較のため右側2人を現代の定説の構えにした。これを見てわかる通り、通常隊列以上の間隔では、定説通りの持ち方をする意味がない。グリッドは、太い線が1キュービット（約46cm）を示す。

当時の記述から、マシューは、密集隊列を「敵の攻撃を受け止めるとき」と「敵の隊列を打ち抜くとき」に使い、通常隊列を「相手に向かって突撃するとき」、散開隊列を「逃げる相手を追いかけるとき」に使っていると結論づけている。実験でも、普通に歩く時以上の速度を出すと、密集隊列を維持できないという結果がでている通り、ある程度の機動力を確保しようとすると、どうしても互いの距離をとる必要が生じる。ファランクスは攻撃の最終段階で突撃することが知られているが、密集隊列ではそれが不可能なのだ。

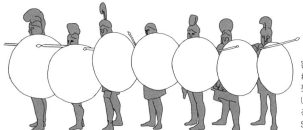

密集隊列のファランクス。これを見てわかる通り、密集隊列では盾が体を完全にカバーし、鎧の必要性は極めて低くなる。Matthew著『A Storm of Spears』の写真を基にした。

よって、現在定説である密集隊列はファランクス本来の隊列法ではなく、ペルシア戦争の頃に登場したという可能性が高い。

3．戦闘中の動き

槍のリーチは戦闘の状況に大きな変化を与える。＜表２＞にもある通り、兵士の戦闘距離は70〜80cmであるが、これに第二列目との間隔を計算に入れてみる。縦深間隔が46cmの時、第一列と第二列の攻撃範囲は24〜34cmも重なり、敵がこのゾーンに入ると２本の槍の同時攻撃を受けることになる。さらに第三列、四列の攻撃範囲を重ねてみると、このゾーンがほぼ隙間なく並び、密集隊列のファランクス相手に近接戦を挑む相手は、２本の槍の同時攻撃を受け続けるということになる。ヘロドトスは、有名なテルモピュライの戦いでペルシア軍が多大な損害を被った理由を、ペルシアの槍が短いこととしているが、あながち間違いではないだろう。

志願者を二手に分けて模擬戦を行った実験では、前二列分の兵士は自然と前進して敵と戦おうとした。第三列以降は敵と接触できないので、通常の間隔を保っていたが、槍が届けば戦闘に参加していただろう。

これを総合すると、ファランクス内の兵士は、深さの間隔如何にかかわらず、敵と接触したら、互いのサポートを求めて接近する傾向があり、兵士たちは前列のみではなく、その背後の兵士とも戦うことになるのだ。

見切れているが、左端に騎兵が突撃してきている。上手持ちで戦う最前列、抱え持ちで槍を敵に向けて前列の支援をする第２列、槍を立てて待機する第３列と、それぞれの兵士がどのように対応しているかよくわかって興味深い。

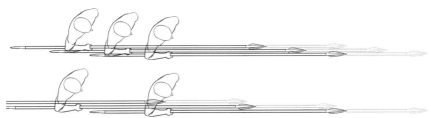

槍の攻撃範囲と縦深間隔。薄いグレーは、槍を突き出した時のリーチ。上段は、40cm間隔で並んだ時で、攻撃範囲がかなりオーバーラップしている。また、かなり窮屈であることもわかる。下段は90cm間隔の時。オーバーラップはないが、攻撃範囲が隙間なく並ぶ。このくらい間隔が開いていても、第３列目の槍が先頭をサポートできる。

4．様々な隊列

ここまでの議論は、ファランクスが長方形の隊列であるということを前提としているが、他の形状をとることもあった。

1. **楔形隊列（Embolos）**：マンティネアで敵の隊列を打ち抜くために使用。
2. **斜傾隊列（Loxe phalanx）**：レウクトラの戦いで使用。
3. **円陣（Kyklos）**：川を渡るときに使用。
4. **中空方陣（Tetragoios ／ Plaisioi）**：クセノフォン率いる傭兵隊がペルシア軍に攻撃されながら行軍するときに使用。

これらの隊列が登場するのは、ペルシア戦争以降で、戦闘の形態が複雑化するにつれ、重装槍兵の戦法も複雑化していったことを示している。

第4章 戦争

A 戦争

　他の古代地中海文明と同じく、古代ギリシアでも戦争は夏季（小麦の刈り入れが行われる6月から、種まきの11月までの間）に行われた。戦争の期間も短く、記録では15～45日、平均30日程度が目安であった。重装槍兵は国家を支える中産階級層（独立農民）なので、戦争の長期化は耕作に支障をきたし、結果国家経済の崩壊を引き起こしてしまう。そのため、ギリシアの軍隊は一撃必殺の決戦主義に特化していく。多大な時間を要する攻城戦などは全くの論外であり、壮麗な建築物を設計・建築する技術力を持ちながらも、彼らの攻城戦能力は原始的の一言に尽きていた。

　戦争計画もお粗末なもので、前4世紀のペロポネソス戦争期まで、兵站・戦争が経済に及ぼす影響や、戦争にかかる諸費用の算出などは、全くと言っていいほど行われていなかった。当時の戦争は長期的な戦略と計画を立てて行うものではなく、戦争準備も、倉庫から武器防具を引っ張り出し、食料庫から適当に食べ物を選んで、それを奴隷に運ばせる程度のものであったのだ。

1．略奪

　敵を戦場に引きずり出すための手段が、略奪や作物の破壊といわれている。破壊活動を行って挑発し、敵を城塞から引きずり出し、決戦を戦おうというのである。しかし、敵軍を避けながら略奪する例もあるなど、敵経済の破壊を目的にすることもあった。この時標的になるのは、地中海三大作物（小麦・オリーブ・ブドウ）の一つであり、当時の摂取カロリーの70％を占めていたといわれる小麦である（最も簡単に破壊できる作物でもある）。この他には農機具や家畜・奴隷の略奪、特異な例では屋根瓦を剥いで自分の家のリフォームに使ったという例もある。

2．野営地と兵士たちの一日

　当時の兵士たちは部隊ごとに適当に固まって夜を過ごしたとされている。

　野営地についての研究はほとんどないが、文献資料（特にクセノフォン）を総合すると、民家を借りるよりも都市の外に独立した野営地を築くことを好むようだ。これは、非常事態時に部隊を素早く集結・編成するためである。

　ほとんどの国では、テントの配置は適当であったが、例外的にスパルタは整然とした円形の宿営地を作っていた。同盟国軍は、スパルタ軍野営地を取り囲むようにして陣取った。スパルタ軍と従者や他国軍の野営地の間には空地を設け、夜襲を受けたときに他国軍野営地を盾代わりにすると共に、彼らの混乱がスパルタ軍に伝わらないようにしていた。また、スパルタ軍は軍隊内の序列に沿って整然とテントを張ったという。意外にも、特別な状況下以外では、空堀や柵などの防御設備を設けることはなかった。

　都市防衛について書いたアエネアス（前4世紀）やクセノフォンによると、見張りには警戒兵（Pylakes）と前進警戒兵（Propylakes）の二種類がいたという（両者を同時に使うことはない）。前者は夜間にテントが張られている地域の外縁を警戒し、後者は昼間、離れた場所から警戒に当たる。見張りの人数は、クセノフォンは10人1組、アエネアスは少なくとも経験豊かな兵士3人を含むグループとしている。

　クセノフォンによると、スパルタの前進警戒兵は外敵ではなく、野営地の中にいる従者たちを監視するのが目的と記しており、外敵への警戒は、前進警戒兵のさらに外側にいる騎馬警戒兵が行ったと述べている。また、夜間の見張りの役目の一つは、スパルタ人区域に他国人の侵入を阻止することとも述べており、スパルタ人の偏執狂的な余所者嫌いが見て取れる。

　わずかに残る断片を集めると、兵士の一日（特にスパルタ兵）は大体以下のようになる。

1．日の出前、指揮官は神へ祈りと生贄をささげる。吉兆が得られるまで、あらゆる決断がなされることはない。ひとたび吉兆が得られると、指揮官はその日の行動方針や命令を全軍に伝達する。
2．指揮官や士官により朝食の命令が出る。この時が一日の始まりと夜の見張りの終わりになる。予定のない限り、兵士たちは自由に野営地を出てよい。
3．昼間は各兵士たちの自由時間となる。近くの都市・集落への買い物や、近隣への襲撃・略奪、物資の調達などを行う。
4．夕飯。兵士たちは各自のテントに、士官たちは指揮官のテントに集まって食事をとった。ここで翌日の行動についての打ち合わせや命令の伝達がなさ

れる。食後は神への奉献が行われた。
5. 各士官は自分のテントに戻る。夜警の時間が始まり、兵士たちは眠りにつく。

野営地で戦闘準備の合図を吹いているところを描いたものだろう。兵士たちは、上半身と下半身で違う服を着ているように見えるが、よく見ると上半身部分のプリーツを描いていないだけだとわかる。待機中の兵士たちは、この様に鎧のみを脱いだ状態でいたのだろう。

 戦闘

1. 姿勢

　アスピスは非常に重いため、いざ戦闘という時まで地面に置かれている。盾を地面に置き、左足に立てかけた姿勢は、現代で言うところの「休め」にあたる。槍は手に持つか、地面に突き立てた。敵への侮蔑や、自軍の自信を見せつけるため、あえて敵の眼前でこの体勢をとることもあった。
　移動時には、盾を左腕に装備し、右手の槍は肩に立てかけるように持つ。敵へと進軍するにつれ、兵士たちは盾を構える。槍を水平に倒すのは、敵との接触直前だったようだ。

ネレイドの記念碑。隊列を組んで行進する兵士たち。上の兵士は槍を肩に担いでおり、敵との距離がまだある状態。一方下段の兵士は、槍を上手持ちに構えた戦闘直前の状態。Aの人物は盾を持っておらず、何か特別な士官であると思われる。B、Cの兵士は腕を伸ばしているが、これはトランペット (サルピンクス) を吹いているところ。大英博物館蔵、前400年頃。

2. 戦闘機動

　ファランクスの戦闘機動は前進しかないとされているが、この考え方は、ファランクスは敵との正面衝突しかしない戦法であるという偏見から成り立っている。前480年のテルモピュライでは、スパルタ軍は敵と戦った後に素早く反転し、全速力で後退。ペルシア軍を引き込むと再び反転して敵を攻撃したように、実際には複雑な戦闘機動が行われていた。

　クセノフォンが、スパルタ軍の機動は単純なものだが、他の国では難しすぎるとみなされているという証言を残しているとおり、戦闘機動そのものはそれほど難しくない。文献では、前方旋回（Epikampe：部隊が前方に90度旋回し、最終的に横に向きを変える）、反転（Exseligmos：テルモピュライでは、全員が一斉に後方を向いて反転したらしい）、アナストロフェ（Anastrophe：隣の部隊の後方に移動して二部隊が縦に重なる）が記録されている。確かに単純な機動だが、他の国では訓練不足の上、スパルタのように細分化された組織を持っていないため、前進後退以外の機動を統制することが困難だった。

3. 右への移動

　前5、4世紀の著述家トゥキュディデスは、ファランクスは前進するにつれ右へと移動する傾向があるという有名な一文を残している。以来、ファランクスには、右側の兵士の盾のカバーを得ようとするため、隊列全体が右にずれる特性があるとされてきた。しかし、これは少し単純に過ぎる。

　彼の言葉を正確に伝えると、ファランクス同士が戦うとき「右翼が延長し、敵の左翼を超える傾向にある」が、これは「恐怖によって、それぞれの兵士が右隣の兵士の盾で無防備な右半身をカバーしようとする」ことと「密集することによってより安全であると考える」ことであり、その根本的な原因は「最右翼の兵士が、無防備な右側面を敵に突かれるのを恐れて右へと移動し、他の兵士もこれに倣うためである」ということなのだ。

　つまり、まず最右翼の兵士が、無防備な右側を敵に攻撃されないように（場合によっては無意識に）右に移動する。この移動によって彼の左隣の兵士との間に隙間があく。この隙間から無防備な右側を攻撃されるのを恐れ、二番目の兵士も右へと移動するが、この時、固まることで安心感を得ようとして、間隔を詰めすぎてしまう。以降の兵士が同様の行動をとり続けると、最終的にファランクス全体が圧縮しながら右へと移動していく。つまり、盾のカバー云々ではなく、最右翼の兵士の行動に原因があるのである。その移動距離は、正面幅約1000mの軍で約90m前後と思われる（詳細は第四部で述べる）。

この他にも様々な要因があるとされている。まず、各兵士の移動速度が異なる場合であるが、右側の兵士が早く移動しすぎていると、左側の兵士は彼に追いつこうとして無意識の内に右に寄ってしまう（距離を詰めようとするあまり、やや斜め右へと移動する）。また、兵士が斜め立ちのスタンスをとっていた場合、兵士たちの進行方向は右にずれる傾向にあり、これも隊列が右へと寄る原因であるという。
　これらの現象は、ファランクスは右側の兵士を基準に隊列を組んでいることに由来する。もしも指揮官が最左翼に位置する伝統があったら、状況は違っていたかもしれない。
　また、密集することで安心感を得ようとするというトゥキュディデスの一文は、当時のファランクスは戦闘状態でも兵士たちの間隔をさらに詰める余地があることを意味している。つまり、当時のファランクスの間隔は通常隊列の90cm間隔だったのだ。

4. 突撃

　理論的には、ファランクスは隊列を崩さないようにゆっくりと前進すべきであるが、実際には敵に駆け足で突進していた。マラトンの戦いでは敵の矢を掻い潜るために、敵の前方1500mの地点からから突撃したといわれている。
　敵に突っ込むことで、ある程度恐怖を抑え込み、敵に心理的圧迫感を与えることができる反面、隊列を大きく乱してしまう。コンピュータモデルで兵士の動きをシミュレートした研究では、突撃によって、隊列は最大で35%の整然性を失うとしている。
　さらに突撃はスタミナを大きく消耗する。1973年に、10人の体育大学生に6.8kgの装備と4kgの盾をつけた状態で隊列を組ませ、1600mの距離を走らせる実験が行われた。結果、誰一人として盾を胸の前に構えた状態で78.5m以上を走れず、274.3m地点で隊列が崩壊し、最終的にゴールに到達したのは長距離走選手ただ一人だったという。翌年に同じ実験を繰り返したところ、230m地点で隊列が崩壊し、完走者はいなかった。これを踏まえると、当時の突撃可能距離は精々50～100m程度であったと思われる。
　ではなぜ突撃が起こるのか。最も有力な説は、恐怖によるというものだ。戦場では戦闘そのものよりも、戦闘を待つことの方がより恐怖を感じる。前進する兵士の中には、プレッシャーに耐えられず「死んでもいいから、とにかく早く終わってほしい」と無意識のうちに速度を上げていき、最終的に全速力で走りだしてしまう者がいるというのだ。この現象は、ナポレオン時代にも報告されている。
　スパルタ軍はゆっくりと前進することで知られるが、それは恐怖を訓練で抑え込んでいるからだ。また、敵と接触する時間をできる限り伸ばすことで、敵により大きな恐怖をあたえ、結果先に走らせて体力と精神力を消耗させるという意図もあるのかもしれない。

第一部 古代ギリシア

　このような意図しない突撃を押さえるのに有効な方法が、音楽を演奏することで、兵士の歩調を合わせることだ。近代のように太鼓は用いず、スパルタ軍は笛を、クレタ軍は竪琴、リュディア軍はパンパイプと笛を演奏した。この時、兵士たちは「戦歌（Paian）」を歌った。本来は病気や悪霊を払う呪歌であるが、危険から身を守るために戦争時に歌われるようになったという。その効果は味方の士気を高め、敵を恐怖させると言われていた。

サルピンクス。
全長155cm。
ギリシア、前3世紀。

サルピンクスを拭くトラキア人傭兵。顔に巻かれているバンドは、笛の吹き口を固定するためのマウスピースの一部。大英博物館蔵。前520〜500年。

サルピンクスを吹く兵士。前500年。

サルピンクスを吹く兵士。吹き口が外れないように顔に巻きつけたマウスピースが特徴的だが、これでは頭上のコリント式兜は被れない。前500〜475年。

最終的な突撃または敵と接触する直前には、敵を威嚇するために叫び声をあげる。ホメロスでは「アララー！(Alala)」後の時代では「アララー！」「アラレー！(Alale)」「エレレー！(Elele)」もしくは「エレレフー！(Eleleu)」、マケドニアでは「アラライー！(Alalai)」と言っていたらしい（実際には「アラララララレー！」「エレレレレレ！」と、西部劇に出てくるインディアンの雄叫びのような感じであったろう）。この叫び声はフクロウの鳴き声を真似したものとも言われ、この雄叫びを神格化したのが戦神アレスの妹アララである。

そして、両軍が接触する前に勝敗が決まることも珍しくない。恐怖のあまり兵士たちが逃亡してしまうためである。コリント式兜が聴覚を遮ってしまうことを、当時の兵士たちがパニックを起こす原因の一つとする学者もいる。彼によると、兜が耳を塞いでしまうため、着用者の周囲の音は全てぼやけて一体化し、混然とした騒音のようなものにしか聞こえなくなる（一方で、笛の音のような高音は、騒音や金属の影響を受けにくく、聞き取りやすいという）。周囲の状況を音で判別することができず、精神的に孤立した状況に置かれた兵士の中で危機感や恐怖が増幅され、恐慌を起こしてしまうというのだ。

5. 決着

ファランクス同士の戦闘では、最初に士気が崩壊したものが敗者となり、兵士たちの死亡という物理的要因での敗北（テルモピュライやレウクトラがその例）は非常に稀であったと考えられている。

ファランクス同士の戦闘による死者は、現代の定説だと勝者で2％、敗者で7～14％と推定されている（後述のケーススタディーでもほぼ同様の結果である）。敗者の死者数が意外と少ないのは、重装槍兵では逃走する敵を補足するのが極めて困難だからだ。

戦闘後、勝者は直ちに戦勝記念像（Tropaion：トロフィーの語源）を築く。これは敵の戦死者からはぎ取った武具を、手近な木に飾り付けた即席のマネキンで、神々への感謝を捧げるためのものだ。その後、戦利品や分捕り品の分配が行われた。戦利品の10分の1は神殿への奉納品としてキープし、残りの戦利品の大部分（約8割と推定されている）は商人に売却され、主に傭兵たちへの支払いに充てられた。兵士たちの取り分は、その余りである。

6. オティスモス

オティスモス（Othismos）とは、ギリシア語で「押す」を意味する言葉で、ファランクス同士がぶつかり、文字通りに押し合う状況を意味する。このオティスモスは、

第一部　古代ギリシア

ファランクス戦法を語る上で避けては通れない問題であり、最も議論の尽きない現象である。

　古典的オティスモス説は、ファランクス全体が一丸となって突進し、ラグビーのスクラムのように相手を押しつぶそうとしたというものだ。突進したファランクスは、スピードを緩めずに相手に激突する。最初の一撃で槍は折れ飛び、勢いに任せた兵士は盾に全体重をかけて敵にぶち当たり、その背後に次から次へと後続の兵士が折り重なっていく。最終的に戦闘は数千人規模のおしくらまんじゅう状態になり、やがてどちらかが圧力に負け、敗退するというものだ。後述するが、アスクレピオドトゥスが騎兵の隊列を論じる時に、馬同士が折り重なると恐慌をきたすので、騎兵の隊列には縦深の深さはあまり関係がないと書いている。逆に見れば歩兵の場合は折り重なるようになることがあるということであり、一見オティスモスが発生しているように見える。

　しかしこの説には当然ながら反論も多い。

1. 古典的モデルは、非常に短期間で終わるものとしている。しかし、実際の戦いの多くは数時間に渡る。
2. 古典的モデルでは全軍の12.5％を占める最前列の兵士は、ほぼ間違いなく死亡する。つまり、指揮官を含む、全軍中最も優秀な兵士が戦闘開始直後の数分間で圧死するのである。しかし、古代の記録では前列の兵士たちも十分に生存しているし、死傷者の数も少なすぎる。
3. 数百から数千にわたる人間の塊が完全に同調して動くことはできない。
4. 突撃は陣形を崩してしまう。整合性を失った陣形では、オティスモスの発生は難しくなる。
5. 重装槍兵の槍はリーチを伸ばすように設計されているのに、その長所を完全に無効化する戦法を採用する矛盾の説明ができない。
6. 以降の歴史にオティスモスを使う軍隊が出てこない。
7. 古典的オティスモスが登場するのは、古代を通じて4例しかない。どれもかなり特殊な状況（城門を巡っての激闘など）で、これを一般的戦法であった証拠とするには無理がある。

　この矛盾を説明しようという説の一つが、クラウド・メカニクスを使ったCrowd-Othismosモデルだ。クラウド・メカニクスとは混雑時の人間の動きやそれについて生じる力の伝達などについて研究する学問である。

　このモデルは、密集状態にある人間が、一方向に力を加えることで猛烈な圧力を起こす現象がオティスモスの正体であるとしている。つまり、駅のラッシュアワーや、催しの際の大混雑時に起こる事故と同じであるというのだ。群衆が密着状態になり、個々人の動きの自由がとれないほどの過密状態になると、群衆そのものが一つの意

志を持つ生物であるかのように同調して動き出す。一人一人が生み出す力は弱いが、その力が一体となって動く集団の中を衝撃波のように駆け抜ける際に次々と増幅され、最終的に鋼鉄の構造物をも歪めるほどになるという（マシューは5人/㎡を超える人ごみが生み出す力を1㎡あたり12.3kNとしている）。

Crowd-Othismosモデルは古典的モデルとは違い、全列一団となって押すのではなく、より流動的、つまり部隊の中の一部が、敵に押されたり、逆に敵を押し込んで密集状態になることで発動するとしており、また、兵士の意志とは関係なく発生するとしている。

オティスモスの存在そのものを否定する説もある。これまでオティスモスとされてきた記述は比喩的表現で、実際にファランクス同士が押し合いをするわけではないということである。なお、この主張は古典的なオティスモスの存在を否定しているということで、偶然、局地的にCrowd-Othismosタイプのオティスモスが生じることは否定していない。実際に当時の記録で「押す」という単語が出てきた時には、相手を圧倒するとか、相手が後退していく様を表現していることが多く、日本語の「押されている」とほぼ同じイメージで使われている。

例えば、レウクトラの戦いではテーバイ軍の将軍が「もう一歩踏み込め！」と叫んだ後に敵軍が敗走している。これがオティスモスの証拠であるとされていたが、素直に状況を見れば、将軍の言葉は単なる景気づけであり、実際に相手を押せという指示ではないのだ。

結論としては、オティスモスは、実際の現象ではなく、単なる表現上の言い回しが誤解されたものととるべきだ。そして、実際の戦闘も、盾と盾がぶつかり合う様なものではなく、ある程度の距離を保っていたのだろう。

第一部　古代ギリシア

第5章 その他の兵種

イピクラテス式ペルタスト（Peltastos）

　イピクラテス（前418～353年）はアテネの将軍で、軽装歩兵（ペルタスト）を重装歩兵化し、スパルタ軍1個モーラをほぼ壊滅させたといわれている。
　しかし、ここでは、彼の改革は軽装歩兵を重装化したのではなく、重装槍兵を軽装化したものであることを証明し、彼の実際の改革とはなんであったのかを解説する。この違いは一見瑣末に見えるが、その後の重装槍兵の発展に直接の影響を与えた重要な要素である。

　彼の改革の根幹は、槍や武器の長さを延長し、盾を小型化することである。以下に彼の改革を記録した2つの著述を比較してみよう。
　前1世紀のネポスは、槍と剣の長さを倍に、大盾（maximis clipeis、parma）をペルタ（pelta）と交換し、鎧をそれまでの青銅と鎖のものからリノソラクス（原文：pro sertis atquae linteas dedit：より合せたリンネンと交換した）にしたので、ペルタストと呼ばれたという。
　彼と同時代のディオドルスによると、まず大型の盾（megalais aspisi）を、取扱いやすい楕円形のもの（peltas summetrous）にして、槍の長さを1.5倍に、剣の長さを倍にし、履物を軽量で履きやすいもの（Iphicratids）にした。
　両者共に、「大きい盾（アスピス）」の代わりにペルテを装備したので、名前がペルタストになったことを強調している。つまり、彼らのベースは重装槍兵であり、彼らに期待された役目も重装槍兵のものであった。
　しかし、この改革後もギリシアでは通常タイプの重装槍兵が使われたこと。イピクラテスほどの有名な将軍による改革（しかも成功した）が他の地域に広がっていないこと。そしてクセノフォンは、イピクラテスが海軍の改革をしたとみられる記述をしていることから、この改革は水兵の装備を改良したのだという説もある。

118

そして彼の改革後は、ペルタストという名称は軽装歩兵ではなく、イピクラテス式の重装槍兵を指すものに変わったようだ。ディオドロスは前355年の出来事の記事に「(フィロメロス)は外国人の傭兵を雇い入れ、その中からペルタストと呼ぶ1000人のフォキス人を選抜した」とある。普通のペルタストなら「1000人のフォキス人ペルタスト」と呼べばいいところを、わざわざ遠まわしな描写をしているということは、このペルタストはイピクラテス式の重装槍兵だということを示唆しているのだ。

下記の表は、各種の槍のデータをまとめたものである(柄の長さを1.5倍、2倍に伸ばしたとして計算)。これを見ると、全長、重量とリーチの割合では、槍が長いほど効率が良くなる。しかし、リーチが大幅に伸びる一方、後方に突き出る柄の長さも伸びるため、戦闘時に邪魔になる上、後方の兵士を突いてしまいかねない。重量も片手槍としては少々過大に思える。ここではすべての槍の柄を直径2.5cmとして計算したが、2倍長の槍では、直径3.5cm以上の柄でないと槍が撓んでしまうため、重量はさらに増す。よって、このタイプの槍は両手槍で、マケドニアのサリッサの原型である可能性が高い。

サリッサはマケドニア王フィリッポス2世によって導入された両手槍である。彼が少年期をすごしたテーバイで親しく交流していた、革命的戦術家エパメイノンダスの影響が関係しているというのが定説だが、フィリッポスの父アミュンタス王がイピクラテスを養子に取ったという事実から、イピクラテス式ペルタストの装備をコピーしたという方が自然であろう。実際、マケドニアの歩兵が使う盾と、イピクラテスモデルの兵士の盾の共通性は以前から指摘されている通り、両者の共通点は多い。

彼が長さを倍にした剣に関する証拠は発見されていない。おそらく極めて短期間で廃れてしまったのだろう。

■様々な槍

名 称	全長 (cm)	重量 (g)	リーチ (cm)	全長 - リーチ (cm)	リーチ／全長 (%)	リーチ／重量 (g／cm)
ドリュ	255	1332	166	89	64.8	8.1
1.5倍長モデル	353	1757	232.1	120.9	65.7	7.57
2倍長モデル	453	2182	299.4	153.6	66	7.28

イピクラテス式の槍。片手持ちと仮定した場合、リーチは伸びるが、後方に伸びる部分が非実用的に長いのが見て取れる。

騎兵（Hippeis）

　地中海沿岸部には馬の生育に適した平原はほとんどなく、馬は希少な存在であった。そのため、当時の馬は生活のための労働力ではなく、軍事やスポーツ用の高級品とされた。当時はテッサリアやマケドニアなどのギリシア北部が良質な馬の産地と知られており、ギリシア本土の馬は二級品とされていた。

　当時の騎兵は、軽装騎兵だった。主武器は投槍で、クセノフォンも騎兵が第一に習熟する武器として投槍を挙げている。一見簡単なようだが、鐙のない当時では馬の上に留まるだけでも難しく、槍を投げるのにも相当の訓練が必要であった。

　当時ではまだ蹄鉄がないため、騎兵を固くて凹凸の激しい地形で使うと、蹄が擦り減ってしまうと述べている（足先が白い馬は蹄が弱いので、乗馬に適さないとされた）。あまり激しく馬に乗るのも蹄の寿命を縮めるため、その使用も慎重さが要求された。また彼は、行軍中はできる限り馬から降りて歩くように勧めている。これは蹄が擦り減るのを防ぐためであるが、長時間の乗馬による足の血行不順（俗にいうエコノミー症候群）を防止する狙いもあった。

武装騎兵？　ヒビで見えにくいが、背中に盾を背負っており、ほぼ重装槍兵だが、武器は投槍２本のみ。馬と人間の大きさの比較がはっきりとできる。

２本の投槍と、馬に乗っていることを除けば通常の重装槍兵だが、隣に替え馬がいるので、武装した騎兵であろう。

120

第5章 その他の兵種

馬具は、ハミの両端が上下に長く伸びる、ギリシアで一般的な形式。兵士は防具をつけず、投槍を2本持つ。帽子（ペタソス）は、この絵のようにやや前のめりに被るのが一般的。顎紐を後頭部の膨らみに引っ掛けるようにしている。

左の騎兵は、素肌の上にケープを羽織り、帽子と投槍という一般的な騎兵の出で立ち。右の騎兵は祝祭のため、耳に花か葉のついた枝を指している。わかりにくいが、背中に背負っているものはおそらく盾。両人ともブーツは履かず、素足である。馬は典型的な地中海種でスレンダーな頭部と胴体を持つ。クリーブランド博物館蔵。

わかりにくいが予備の馬を連れている。装備は、帽子以外は典型的な騎兵の装備。前500年。

121

第一部　古代ギリシア

トラキア人騎兵。模様の入ったケープとコリント式兜を装備している。コリント式は本来馬上に向かないが、トラキア騎兵はよくこのタイプの兜を被っている。おそらく身分の高さを表すアイテムなのだろう。また、二人とも脛当てを着けて馬に乗っている。

ふつうの騎兵と違い、リノソラックスを着込んでいる。首の後ろあたりに見えるものは兜ではなく帽子。右手の槍は長さは短いが、石突の描写などからドリュまたはカマックスで、投槍は持っていない。馬の後ろ足にある円は、馬の所有者を示すためにつけられた焼き印。

中央の女王を守るアマゾンの戦士たち。騎兵を正面から見た珍しいシーン。左背後の男性戦士の盾には、魔除けであるメドゥーサの瞳を描いた垂を付けている。

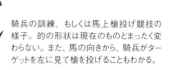

騎兵の訓練、もしくは馬上槍投げ競技の様子。的の形状は現在のものとまったく変わらない。また、馬の向きから、騎兵がターゲットを左に見て槍を投げることもわかる。

第5章 その他の兵種

1．各都市の騎兵

　古代ギリシアで最も早く騎兵の運用を研究し始めたのはテーバイ市とされている。テーバイ軍はプラタイアではペルシア側について戦ったが、そこではテーバイ騎兵隊がメガラ軍（3000人）とフィリウス軍（1000人）を撃破している。一方のペルシア騎兵部隊はギリシア軍の側面をとりながらも、遠方から矢を打ち込むばかりで効果的に攻撃できなかった。

　スパルタでは、最も裕福な市民しか馬を持たず、騎兵（設立当初は400騎）は二級市民によって構成され、軍隊の召集時に配給された馬に乗った。つまり、騎兵と言っても馬の所有者ではなく、重装槍兵として戦う富裕市民から貸与される馬に乗っていたのだ。これでは馬と乗り手の信頼関係がない上に訓練不足で、戦力としては甚だ頼りなかった。これは彼らの騎兵に対する意識の低さを表している。

　アテネでは、前5世紀の騎兵隊は総数1000人だったというが、前365年頃には670～650人程度に減少していたとされている。騎兵は10の部隊に分かれていて、おそらくアテネの10氏族ごとに部隊を形成していたのだろう。

2．騎兵の隊列

　当時のギリシアでは騎兵と重装槍兵の比率は1対10前後で安定している。この比率は後のマケドニア軍や後継諸王国時代にも受け継がれ、一種の黄金率となった。

　戦闘時には方形隊列（後述）を組み、それぞれの隊列の最前列には十騎隊長（Decadarchs）がつく。さらに隊列の中間には五騎隊長（Penpadarxos）がおり、最後尾には経験豊かな兵士がついた。この組織編成はファランクスのものをほぼそのまま適用している。兵士たちは馬1頭分（約90cm）以上の間隔で整列していた。

　行軍時には、命令を素早く伝達できるよう五騎隊長は十騎隊長のすぐ後についた。

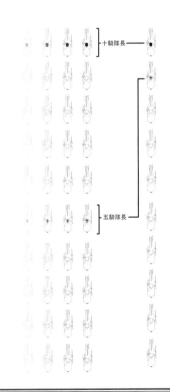

左が戦闘時の隊列。右が行軍隊列。

ポリュビオスはメガロポリスのフィロポイメンが行った騎兵の訓練の様子を細かく記録している(マケドニアの章で後述)。その記述を参考にすると、騎兵隊は下からロコス、ディロコス、オウラモス、イレ、ヒッパルキアイの五層構造になっている。各部隊の兵数がどれほどかについては議論の余地があるが、一般的にロコスは8騎(1個縦列)、ディロコス16騎、オウラモス32騎、イレ64騎、ヒッパルキア512騎(8個イレ)とされている。彼の改革は前210年頃なので、時代はかなり下る上にマケドニア軍の影響を受けているという可能性は否定できない(実際に前22年のセラシアでは、彼はマケドニア式の楔形隊列を使っている)が、少なくとも当時の騎兵の組織についての輪郭を知ることはできるだろう。

3. 騎兵の装備

クセノフォンの『馬術について』には、騎兵の装備のリストがまとめられている。以下に挙げるこれらの装備のほとんどは絵画資料でも文献資料でも確認できないため、実際のギリシア騎兵の装備というよりは、彼が傭兵時代に見聞したペルシア騎兵の装備を取り入れた(またはヒントを得た)理想の騎兵像なのだろう。実際のギリシア騎兵は、トラキア騎兵の影響を受けていて、はるかに軽装である。比較のため、実際のギリシア騎兵の装備を{…}で囲って記す。

■鎧

ちゃんとフィットしたものは体全体で支えるので楽だが、緩いものは肩に負担がかかり、きつすぎると邪魔になる。矢などを防ぐための下腹部に装備するフラップについての言及があることから、リノソラックスを念頭に置いているのだろう。{鎧はつけず、普通の衣服(キトン)の上にクラミス(Chramis)と呼ばれるケープを羽織った}

■首

鎧の上部には首鎧をつける。彼によると首の形に沿っていて、よくできたものでは着用者の鼻までカバーするとしている。しかし、コインに描かれた一例を除き、この防具についての証拠は見つかっていない。{なし}

■兜

防御効果も十分で、視界を遮らず、しかも姿勢を変えても邪魔にならないボイオティア型が最も適している。{当時の資料を見る限り、普通の帽子(ペタソス)が一般的。後にはピロスやボイオティア式を被る}

第5章　その他の兵種

■左腕

ケイラ（Xeira：手）と呼ばれる防具を左腕につけることを推奨している。彼によると、この防具は左肩から左指までを防御し、伸縮自在で、腋の下も防御するということである。おそらくこれはリネン製の防具、もしくはリネン地に金属の板を縫い付けたものか、ペルシアやスキタイのように金属の筒を連結させたものと思われる。{クラミスを盾代わりにしていた}

■右腕

腕を振り上げるときに邪魔になる鎧の部分（おそらく肩当）を切り取って、取り外し可能なフラップを設ける。前腕は鎧と一体化したものではなく、ホプリテスの脛当てのように分離したものがいい。さらに、腋の下は革か金属で防御する。{なし}

■脛と足

革製のブーツ（Embades）を履いて防御にする。{ブーツを履いた}

■馬鎧

頭鎧（Prosternidion）、胸当て（Prometopidion）のほかに腿当てが登場する。この腿当ては馬の後ろ脚を守るのではなく、搭乗者の腿を守るものである。また、最大の弱点である腹部を布で守ることも提案している。{ないと言われているが、確かではない}

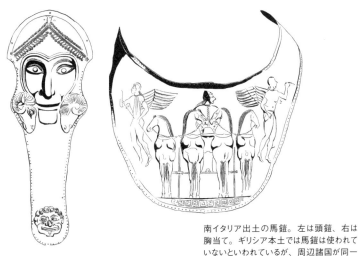

南イタリア出土の馬鎧。左は頭鎧、右は胸当て。ギリシア本土では馬鎧は使われていないといわれているが、周辺諸国が同一タイプの鎧を使っているので、例外的に馬鎧を使った可能性はある。前480年。

第一部　古代ギリシア

馬の種類

　よく当時の馬はポニーだとされるが、それは馬のき高（肩の高さ）が14.2H（約147cm）以下を便宜上ポニーとするという分類によるもので、古代馬はれっきとした馬である（例として、現在のアラビア種は14H、イラン原産のカスピア種は13H程度だが馬とされる）。

　ポニーは厳しい環境でも生育できるように進化した馬の一種で、強く短めの脚を持つ。馬のようにスピードは出ないが頑健で、雨や雪を振り落としやすいように分厚い体毛を持っており、馬のように穀物を必要とせず、草のみでも生存可能である。

　古代で使われた馬は、以下の三種類とされている。

■地中海型（Mediterranean）

　高く持ち上がった筋肉質の首、平坦で細身の頭部、スレンダーな胴、力強い臀部とすらりと長い脚を共通の特徴として持ち、特に背筋が非常に発達している。クセノフォンは背筋が盛り上がっていることを良馬の特徴としているが、鞍のないこの時期では、その盛り上がった背筋がクッション代わりになり、乗り心地を格段に向上させる。さらに、馬の背骨に直接負担をかけないので、馬の健康にもいいとされた。

　山岳地帯や森林地帯、草原など様々な環境に適応し、敏捷性が非常に高く、足取りもしっかりとしている。

パンテオン神殿の浮彫。細長く真っ直ぐな顔とスレンダーな脚を持つ地中海タイプの馬。アテネ、前443〜438年。

厩の風景。手に持っている四角の物体は、おそらくタテガミ用の櫛。背景にブラシらしきものが見える。前490年。

Column

■ニサエア種（Nisaean）

　広い額と大きな目を持つドーム状の頭部、分厚く力強い首（そのために首が短く見える）と太めの胴体を持つ。胸は不恰好にならない程度に広く筋肉質で、肩は緩やかに傾斜するため、広い歩幅と快適な歩調を持つが、全速力の時に脚を大きく前に振り出して距離を稼ぐことには向いていない。腰部は非常に強力な筋肉に覆われ、圧倒的なパワーを生み出す。脚は平均的な長さだが頑健で、馬全体でみるとやや短く見える。

　敏捷性と加速力に優れるパワータイプで、正に重装騎兵のために生まれてきた馬種である。乗り心地が良く、力強さを感じさせる美しさを持つ。メソポタミア地方のタンパク質豊富な野草（アルファルファやクローバーなど）を食べて育つため、非常に筋肉質で頑健である。性格もおとなしく従順で、乗り手の命令によく従う。

　しかし、その体躯を維持するために高栄養の飼料を必要とし、コストがかかる。そのため、中近東でも希少な馬で、エリート層の乗馬とされた。

ニサエア種。背の高さは平均的だが、丸い頭部と太くて頑丈な脚が特徴的。イラン、前5世紀。

ニサエア種。左図は右の拡大図。馬具はギリシアのものと同一のシステムで、ところどころに鉤爪か牙を象った装飾を付けている。馬の髪型はポンペイのアレクサンダー・モザイクにも見られるペルシア独特のもの。

■ツーラン種（Turanian）

　南ステップ種ともいわれ、スキタイや古代中近東で用いられた。

　ニサエア種よりも背が高く、長くてスレンダーな頭部と首を持つ。首が比較的長いので、走行時のバランスを取りやすく、疾走時には首を前に振ることで前脚を大きく振り出せる。脚も長くてスレンダーで、スピードを出すのに最適な体の造りをしている。胴体は長くて細身であるため、疾走時に後ろ脚をうまく抱え込めない一方で、より大きな内臓を持ち、強力な心肺機能を誇る。足を高く上げず、滑るように進むため、スタミナの消費を最小限に抑えることができるという。ニサエア種ほどの敏捷性はないものの、スピードとスタミナに長けたタイプで、軽装騎兵に最適な馬種である。

　欠点らしき欠点はないが、砂漠地帯で発達した種のため、寒冷に弱い。

アッシリア重装騎馬弓兵。スレンダーな頭部、首、胴と長い脚を持つツーラン種。騎兵誕生から間もないが、すでに非常に複雑で精巧な馬具が制作されていた。

第一部 古代ギリシア

■武器

剣は片刃。槍は長いものでは使いにくいので、ペルシア式の槍（長さ2mほど）を二本持つ。彼によると一本目を投げつけた後、もう一本で接近戦をするという。{同じ。後にカマックスが加わる}

クセノフォンの理想の騎兵の想像図。

軽装歩兵 (Psiloi)

　ペロポネソス戦争期頃まで、軽装歩兵の存在（と重要性）はほとんど無視されていた。しかし、記録がないだけで、実際には軽装歩兵の数は重装歩兵と同等、もしくはそれ以上いたといわれる。わずかに残った記録を見ると、プラタイアの戦いでは、重装槍兵38700人（内スパルタ人5000人）に対し、軽装歩兵として戦ったヘロット（スパルタの農奴）35000人（スパルタの重装歩兵の7倍）と各国の軽装歩兵34500人が参加している。前424年のデリオンの戦いでのボイオティア軍は重装槍兵7000人、軽装歩兵10000人であった。

　軽装歩兵の重要性が見直されたのは、ペロポネソス戦争期である。最初に軽装歩兵の使用法を模索し始めたのはアテネのデモステネスと言われている。自身が軽装歩兵部隊によって数度の敗北を喫した後、彼は軽装歩兵や騎兵と重装歩兵の連携を考え始める。その努力の結晶が前426/5年のオルパエの戦いで、軽装歩兵と重装槍兵を森の中に隠して敵軍を攻撃することで、数的に優勢な敵軍を破った。また、前425年のスファクテリア島では、ほぼ軽装歩兵のみで、スパルタ軍を含む重装槍兵部隊を撃破している。

重装弓兵。おそらくアマゾンかトロイ兵とヘラクレスの戦いを描いたもの。弓兵は鎧を着けず、左手に弓と矢、右手に槍を持つ。

第 5 章　その他の兵種

重装弓兵。アファイアのアテナ神殿のレリーフ。ライオンを象ったハルキス式、またはアッティカ式兜を被る。リノソラクスは左わきで合わせるようになっている。前480年。

重装槍兵兼弓兵の複合戦士。英雄を描いているのか、実際の兵士を描いているのかは不明だが、記録にないだけで、この様な複数の役目を持つ兵士がいたのかもしれない。前490年頃。

武装弓兵。左は盾の裏側を描いた珍しい例。実際にこのようにして弓を使えるのか、そもそも重装歩兵の装備をした弓兵がいたのか判っていないが、これだけ様々な壺絵に登場するということは、それなりの現実を反映しているのだろう。

　ギリシアでは軽装歩兵はペルタストと呼ばれた。彼らは主にギリシア北方のトラキア地方からの傭兵で、他の軽装歩兵とは明確に区別されている。この他にはペルシアやクレタなどからの弓兵やロードス島の投石兵が有名だ。壺絵などを見ると、前6世紀頃には外国人が軽装歩兵の主流を占めるようになったらしい。
　トラキア人ペルタストはペルテの他に、投槍とシカ（Sica：内反りの刀）を装備する。投槍の数は2～4本が一般的だった。身には膝丈程度の服（Zeira）、ブーツ（Embades）、狐の毛皮製の帽子（Alopekis）または、有名なフリュギア式の頭巾を被る。トラキア族と近縁のダキア族や、ゲタエ族はズボン（Bracae、Anacurides、Thrakoi）を履いていた。

トラキア人弓兵と重装槍兵。弓兵は足を交差させて腰を引いた窮屈そうな姿勢で弓を引いている。速射性を重視するため、弓はこの壺絵のように浅く引いた。

トラキア人。狐の毛皮で作った頭巾を被り、模様を織り込んだケープを羽織る。ケープは上端を内側に折り返し、ブローチか紐で留めている。

シカ。トラキア人の短刀で、内反りの片刃。鞘の上半分は木などの有機物でできていたため、腐食してなくなってしまっている。全長43cm。前2～1世紀。

　前471年のディパエアでは、スパルタ軍は圧倒的多数の敵に囲まれないように、横に広い一段縦深の隊列を組んでいるが、研究者の中には、これは重装歩兵の列の後ろにヘロットの軽装歩兵を配置した編成を描写していると解釈しているものもいる。もしそうなら、この配置はペルシア軍の戦法と全く同じで、スパルタがペルシアの戦法を模倣したのかもしれない。

　アスクレピオドゥスによると、軽装歩兵の配置はファランクスの前（Protaxis）、後（Hypotaxis）、左右（Prosentaxis）のほか、ホプリテスと軽歩兵（プシロイとペルタスト両方を含む）が一列ごとに交互に並ぶ混合隊列（Parentaxis）としている。このうち、混合隊列以外では、これら軽装歩兵は縦8人、横1024列で並ぶと書いていて、重装槍兵と同等の密集度であった。

P80のイラストの全体図。右側には投石兵とその後方で待機する重装槍兵。左側は重装槍兵と騎兵が描かれている。馬は地中海種の特徴をよく捉えている。左の騎兵はアスピスと兜を被った武装騎兵かもしれない。
パロス島、前8世紀。

傭兵 (Misthoforikos)

　前述の通り、重装槍兵はその都市の市民であることが基本であるため、傭兵はペルタストなどの軽装歩兵や騎兵が中心だった。

　そのため、重装槍兵として一稼ぎしたい者は、外国の君主の下で働くことになる。彼らの上得意は中近東の君主国で、アッシリア王軍の中にも重装槍兵部隊がいたことが知られている。ペルシアでも、ギリシア侵攻以前から貴重な重装歩兵部隊として活躍していた（最も有名な例はクセノフォン率いる1万人の傭兵団である）。前4世紀に登場するカルダケス（Cardaces、Kardakes）は、ペルシア版重装槍兵部隊といわれている（異論もある）。

　また、単なる傭兵集団ではなく、スパルタ王アゲシラオスのように、外国軍の士官（将軍）として雇われるものもいた。

まとめ：ホプリテスの終焉

　ペルシア戦争以降、各国はこれまでのホプリテス偏重の軍編成から、様々な兵種を組み合わせて互いの短所を補う複合部隊を実験し始める。それと歩調を合わせ、戦争もこれまでの短期決戦主義から、長期的な総力戦と言えるものに変化し始めた。名誉ある市民兵たちが肩を並べて正面から激突して雌雄を決する時代は終わり、あらゆる戦術と戦略を使い分けて敵を屈服させる総力戦の時代が訪れたのだ。

　ギリシアで最初に複合軍を運用したのは、フェラエのイアソンと言われているが、彼はテッサリア地方の僭主であるため、彼に関する記録はほとんど残っていない。わずかに残る記録によると、彼は騎兵8000騎、重装槍兵2万人以上、ペルタスト約2万に加えて傭兵親衛隊6000人という、最盛期のマケドニア王国軍に匹敵する兵力を保持し、しかも精鋭ぞろいだったという。騎兵の比率が大きいが、これは平野の覆いテッサリア地方での戦いには騎兵の使用が不可欠であったためだ。彼が暗殺されなければ、ギリシアの覇者となっていたのは間違いなく彼であり、ペルシアを征服したのはマケドニアではなくテッサリアであった可能性が高いとまで言われている。

　しかし、彼は野望を実現することなく世を去った。その後を継いだフィリッポス2世が完成させた複合部隊こそ、世界の果てまでも征服したマケドニア王国軍なのである。

第二部
マケドニア

導入：フィリッポス2世の改革

マケドニア王国はギリシア北方、テッサリアのさらに北の山岳地帯の王国だ。人口は豊かだが、経済基盤となる都市や中層階級が未成熟で、市民兵制度は生まれなかった。主な産業は牧畜で、部族社会的要素が強く残っていたといわれている。

元々マケドニア軍は、軽歩兵主体の散兵戦を得意としていた。それが変わるのは、前360～359年に起こったイリュリア人との戦争である。この戦いでマケドニア軍は大敗北を喫し、国王ペルディッカス3世を含む4000人が戦死する。彼の後を継いだ弟のフィリッポス2世は、即座に軍の大改革に取り掛かった。

読書家で知られた新国王の改革は、彼の義兄でアテネの名将フィロポイメン、当時最強の将軍と言われたテーバイのエパミノンダス、同じくテーバイの将軍ペロピダスとパンメネス、伝説的将軍であるテッサリアの僭主フェラエのイアソン、タラントのリュシスによる数学理論にホメロスやヘロドトスなどの文学書、当時多数執筆されていた軍事理論書などを参考にしたもので、その速やかさと徹底ぶりから、即位以前からアイデアを練っていたと思われる。

王は人材の発掘にも熱心で、遠くペルシアからも人材を募っていた。宴会の場では参加者が身分に関係なく自由に発言でき、活発な議論が行われた。様々な著作や優れた人物との忌憚ない議論が、世界最強といわれたマケドニア軍を生み出す原動力になったのだ。

息子のアレクサンドロス大王自身も実験精神旺盛な改革者だった。敵に掴まれないように兵士たちに髭を剃るよう命令したり、王室のテントをペルシア式にして行政を的確に行えるようにしたほか、前330年のペルシア帝国崩壊以降は政治・社会・軍事的な大改革を次々に実行している。大王は東西両文化の統合を図ったことで有名であるが、ペルシア人兵士の導入（国王直属の精鋭騎兵隊に所属する者もいたらしい）や新部隊の発足、旧来の軍編成の見直しなど、軍事制度を新しい帝国に見合うものに改革している。

市民兵制度が生まれなかったマケドニアでは、兵士は国家によって装備・維持された。そのため、国家の人的リソースを効率よく利用でき、被征服民を自軍に組み込むことも容易であった。

第1章 軍編成

　アレクサンドロス3世（大王）が父フィリッポスから受け継いだマケドニア王国は、決して一枚岩ではなかった。国内の有力貴族たちは王に服属しているわけではなく、軽装歩兵を供給する周辺諸王国は征服したばかりの旧敵国であった。また、国王はテッサリア同盟とコリント同盟の盟主であったが、テッサリアとギリシアの諸勢力は百家争鳴で知られており、彼らの意志の統一は不可能に近かった。

　これほどに利害関係の違う勢力をまとめ上げる必要のあった大王は、彼ら共通の敵を立ち上げることによって彼らの意志の一本化を図る。その標的はかつてギリシアに侵攻してきた異民族、ペルシア帝国だった。つまり、大王のペルシア侵攻は、欲望や妄想の産物ではなく、諸民族、諸国家の意志の統一と、彼らの軍隊を根拠地から引きはがすことによる反乱の抑制、強大な敵を撃破することによって得られる名声を背景にした支配力の強化など、計算された政治的目的に沿った行動であったのだ。

　そして大王は、一見夢物語に見える大事業を達成するための手段を手にしていた。彼の意のままに動く無敵の軍隊である。

A 司令部

　マケドニア王国は、国王を筆頭とする100人の「ヘタイロイ（Hetairoi：取り巻き）」によって運営された（後述する重装騎兵のヘタイロイとは別物）。このヘタイロイの中で特に国王の信頼厚い者たちは「友人（Philoi）」と呼ばれ、戦場では国王の指揮する王室イレの一員として従軍した。軍司令部は国王と友人、7人の近衛騎士（Somatophylakes）、先任指揮官によって構成され、身分の上下なく自由に発言する権利が与えられていた。

　近衛騎士の詳細については不明な点が多いが、国王の最も信頼する側近で、

それぞれ特定の役目を持っていたこと、当初7人だったが国王の命を救ったとして、ペウケスタスという兵士が名誉近衛騎士となって8人に拡大したこと、本軍から別働隊を派遣するときには彼らの一人がその指揮官になることがわかっている。

実務を担当するのは、王室書記官(Grammateus Basilikos)たちで、軍政を担当する首席書記官を筆頭に複数の部門に分かれていた。各部門担当の書記官には、調査官が配属され、部門の管理・運営を行っていた。

歩兵

マケドニア軍の重装槍兵は、ホプリテスと区別してファランギタイ(Phalangitai)と呼ばれる。イピクラテス式ペルタストを発展させたものといわれ、ホプリテスよりも安価で短期間のうちに配備できるとされた。

1. ペゼタイロイ(Pezhetairoi)

ペゼタイロイ(Pezhetairoi:徒歩の取り巻き)はマケドニア軍の中核をなす部隊で、ファランギタイと言えばペゼタイロイを指す。地区ごとに召集された兵士は、タクシス(Taxis)と呼ばれる部隊に編成され、タクシアルカイ(Taxiarchai)によって指揮された。彼らの地域性は、ガウガメラの戦いの後にマケドニア本土から送られた補充兵が「出身地ごとに」各部隊に配分されたという記述からも確認できる。

大王はペルシア侵攻開始時に6個タクシスを率いており、1個タクシスの兵員は1500人とされている。大王の軍に登場する6個タクシスは全て上マケドニア地方(マケドニア西部の山岳地帯)から召集されており、下マケドニアからのタクシスは見られない(王国に忠実な下マケドニアのタクシスは、本国で周辺諸国の監視に当たり、反乱の恐れのある上マケドニアのタクシスは大王直接の監視下に置かれたという説もある)。これらタクシスは召集元の地域の有力者の一族に率いられることもあった。

■ペゼタイロイの歴代部隊長

部隊名	前334、グラニコス	前333、イッソス	前331、ガウガメラ	前330	前329-328	前327-325
第一隊(右翼)	ペルディッカス	コイノス	コイノス	コイノス	コイノス	ペイトン
第二隊	コイノス	ペルディッカス	ペルディッカス	ペルディッカス	アルケタス	アルケタス
第三隊	アミュンタス	メレアグロス	メレアグロス	アミュンタス	アッタロス	アッタロス
第四隊	フィリッポス	プトレマイオス	ポリュペルコン	ポリュペルコン	ポリュペルコン	ポリュペルコン
第五隊	メレアグロス	アミュンタス	シンミアス	メレアグロス	メレアグロス	メレアグロス
第六隊	クラテロス	クラテロス	クラテロス	クラテロス	クラテロス	ゴルギアス
第七隊(左翼)						クレイトス

第 1 章　軍編成

■編成

　前1世紀のアスクレピオドトゥスによると、縦列はロコス（過去にはシノモティア：Synomotia、デカニア：Decaniaと呼ばれた）と呼ばれ、16人または12人からなっていた。指揮官のロカゴスは先頭に立って部下を導き、副官のオウラゴスは最後尾を固めた。

　このロコスを二等分する。16人ロコスを分割したものはヘミロキオン（Hemilochion、指揮官Hemikochites）、12人ロコスの場合はディモイリア（Dimoiria、指揮官Dimoirites）と呼ぶ。このヘミロキオンを二等分するとエノモティア（Enomotia。指揮官Enomotarchos）となる。ディモイリアの下位部隊は記述されていない。

　アスクレピオドトゥスによると、各縦列の兵士は最前列からプロスタテス（Prostates：前列兵）、エピスタテス（Epistates：後列兵）の二人ペアに分割されるという。このペアでテントを共有したのだろう。縦隊を細分したことにより、ファランクスは縦深を16段、8段、4段、2段と自在に変化できるようになっていた。

　以上の縦列を横に並べて隊列を組み立てたものを集団（Syllochismos）と呼び、縦の列をストイケイン（Stoichein）、横の段をズゲイン（Zygein）と呼ぶ。

　隊列構成は、縦隊と同じく2の倍数により、ロコス→ディロキア（Dilochia、指揮官Dilochites、32人）→テトラルキア（Tetrarchia、指揮官Tetrarches、64人）→タクシス（Taxis、指揮官Taxiarchos、彼の時代では百人隊長という意味のHecatontarchesが一般的という。128人）→シンタグマ（Syntagma、指揮官Syntagmatarches、256人）となる。

　このシンタグマには員数外の兵士（士官）が付属する。第一は伝令（Stratokeruka）で、指令官（将軍）の命令を伝達する。第二は旗手（Semeiophoron）で、司令官の命令をシグナルで伝達し、兵士たちに隊列の基準点を示す。第三はラッパ手（Salpingten）で、第四は雑用兵（Hypereten：本来は漕ぎ手の意）。第五はオウラゴン（オウラゴス）で、隊列から落伍した兵士を押し戻す。これを見ると、戦術上の基本単位はシンタグマであり、また司令官の命令を確実に伝達できるようなシステムが構築されている。

　シンタグマの上位組織はペンタコシアルキア（Pentakosiarchia、指揮官Pentakosiarches、512人）→キリアルキア（Chiliarchia、指揮官Chiliarches、1024人）→メラルキア（Merarchia、指揮官Merarches、2048人。元々はテロス（Telos：指揮官Telarches）またはケラス（Keras）といった）→ファランガルキア（Phalangarchia、指揮官Phalangarches、4096人。別名アプトメ・ケラトス（Aptome Keratos：半角の意）→ディファランギア（Diphalangia、指揮官

Kerarches、8192人)またはケラス(Keras:角)→ファランクス(Phalanx、指揮官Strategos、16384人)となる。

■ファランクスの編成

上段左は16段編成、
右は12段編成時。

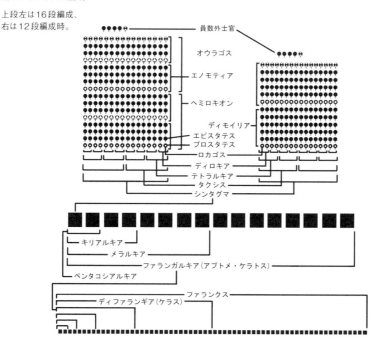

■縦深の深さー初期ファランクス12段縦深説

アスクレピオドトゥスは、ファランクスの縦深を8,10,12,16段として、16段を最も安定した縦深であるとし、前1世紀のポリュビウスは8,16,32段が取られたとしている。

しかし、16段編成では、大王時代の一個タクシス1500人のモデルに合わない。定説の6個シンタグマ=1個タクシス説は、軍事理論家の記述を1個タクシス1500人に無理やり適応させたもので、裏付けはない(特に、それまで倍々で編成されていた部隊がいきなり6倍される理由が説明されていない)。縦隊をデカス(Dekas、10～16人)、それが16集まってロコス(256人)、6個ロコス(1536人)でタクシス、4個ロコス(1024人)でキリアルキア、2個ロコス(512人)でペンタコシアルキアとする説もあるが、これも数合わせのための理論で、裏付けはない。

筆者は、アスクレピオドトゥスが16段のファランクスの編成を語る際に、なぜか12段の編成についても言及していることに注目した。これは16段の隊列が一般化され

第 1 章 軍編成

る前には12段が主流であったことを示唆しているのだろう。さらにメラルキアの旧名がテロスまたはケラスということも重要だ。ケラスは16段編成時にも登場するが、それはケラスが歩兵の最上級部隊を指す名称であったからではないだろうか。

試しに12人のシノモティア（デカニア）を基準として計算すると、ディロキア（24人）→テトラルキア（48人）→タクシス（96人）→シンタグマ（192人）→ペンタコシアルキア（384人）→キリアルキア（768人）→テロスまたはケラス（1536人）となり、軍事理論家と歴史家の記述が矛盾せず一致する。つまり、大王期のペゼタイロイは12段128列のタクシスで構成されていた可能性が高いのだ。

■アレクサンドロス大王期の1個タクシス

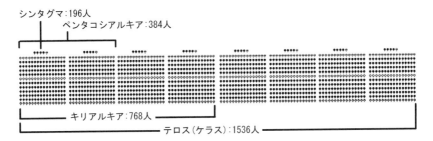

■装備

大王の時代では、多くの重装槍兵は鎧を装備していなかったらしい。完全武装の兵士は前方数列の兵士や士官のみで、最後尾に近い兵士に至っては脛当てや兜さえつけていなかった可能性もある。鎧や兜は色とりどりに彩色されていた。中でもペゼタイロイの兜や鎧（肩当、ウエストバンド）、剣帯は水色に塗られることが多かったらしい。

そして、彼らは常にサリッサを持っていたというわけではないらしい。前334年の戦いでのマケドニア軍は、最初に投槍で攻撃し、その後剣を抜いて突撃したという。これが正しいとすると、ペルシア侵攻直前のペゼタイロイは、平

ポンペイのフレスコ画（オリジナルは前3世紀頃）。兵士は白いピロス（帽子）を被り、水色の縁取りをした黄色（オレンジ色）のエクソミスを着こんでいる。盾は縁の赤い白色。中央付近に手を通すストラップがある。巻頭カラー「重装槍兵の終焉」Cのモデル。

地ではサリッサ、障害物の多い地形では投槍と剣という風に、状況に応じて武器を交換して戦っていたということになる。

アギオス・アタナシオス墓蹟の壁画。当時のサリッサの長さがはっきりとわかる。両者とも白いカウシアを被り、こげ茶のブーツと下半分の白いケープを羽織っている（上半分の色は左が茶色、右が黒）。服は左が黒、右が茶色。左の盾はアレクサンドロスの肖像が黄色（金色）の縁取りのされたピンクの地に描かれる。右は、水色で縁取られた赤い盾に翼を持つ雷の意匠。前４世紀。

■特徴

　鉄壁の防御力を誇る代わりに、側面や後方を突かれると弱い。また、サリッサの長さと重量のため、戦闘機動のスピードはホプリテスよりも遅くなり、戦闘中に部隊間の連携が崩れて弱点をさらしてしまうことがしばしばある。

　長大な槍を持ちながらも、攻撃能力は低く、ホプリテスとの戦闘では、圧倒的なリーチの差をもってしても精々互角、場合によっては押されている。前322年のクラノンの戦いでは、倍以上の戦力とペルシア遠征のベテランで構成されたマケドニア軍が上手をとるが、一旦ギリシア軍が高所に後退するとそれ以上押すことができずに終わった。この戦いではマケドニア軍に150人、ギリシア側に500人の死者が出たという。スパルタ軍を相手にした前331年のメガロポリスの戦いでは、倍の兵力がありながらスパルタ軍ホプリテスを撃破できなかった（死者もマケドニア軍3500人にスパルタ軍5300人と拮抗している）。

　さらに、槍の長さのため、一旦槍を下げてしまうと、槍がフェンスのような役割をして兵士たちの動きが制限されてしまう。ファランギタイが一旦戦闘態勢をとると、隊列を維持したまま前進（後退）するしかなくなるのだ。

　結論として、ファランギタイは（特にファランギタイ同士の交戦では）、先に攻撃したものが劣勢に陥る傾向にある。そのため、ファランギタイが攻勢に出るのはそれ以外の選択がない場合であり、彼らの役目はその防御力で騎兵隊が勝利を収めるまで戦線を維持することなのである。

第 1 章　軍編成

■実験部隊

　アッリアヌスによると、バビロニア滞在中に編成された実験部隊は、16段中先頭3段と最後尾は通常の装備のマケドニア兵で、残りは弓や投槍で武装したペルシア兵によって構成されていたという。つまり、ペルシア軍伝統の、最前列に大盾を持った槍兵を配置し、その後方に軽装歩兵を置く戦法とファランクスを合体させようという試みである。この隊列は以降使われることがないので、効果的ではないとされたのだろう。

2．アステタイロイ（Asthetairoi）

　原文資料では「いわゆるアステタイロイ」として登場するペゼタイロイ。諸説あるが、おそらく「最も近い者たち」という意味で、国王に近い位置（部隊右翼、つまり、国王の指揮下にある部隊）に陣取るタクシスを表現する言葉であったと思われる。例えばイッソスの戦いではアレクサンドロスは右翼を指揮し、左翼はパルメニオンの指揮下にあり、ペゼタイロイ6部隊の内、左半分の3個タクシスはクラテロスの指揮下の下、パルメニオンの下に置かれていた。そして残り半分は当然アレクサンドロスに所属し、物理的にも指揮系統的にもより「国王に近い」部隊として「アステタイロイ」と呼ばれたのだろう。

3．ヒュパスピスタイ（Hypaspistai）

　「盾持ち」という意味の言葉で、Dryphoroi（ドリュ使い）ともいわれる。伝統的なホプリテスの装備で戦った。アレクサンドロスの石棺に登場するアスピスを装備している兵士たちは、このヒュパスピスタイであるといわれている。

アレクサンダー石棺。イッソスのシーン。左から二番目はヒュパスピスタイ。リノソラクスとアスピス、フリュギア式兜を装備している。脛当てを着けているが靴は履いていない。その右隣の奥の人物はマケドニア側のペルシア人傭兵。手前の敵兵はディピュロン型盾を持つ。彼と戦っているヘタイロイは鎧を着けていない。馬には鞍布を安定させるための帯の跡が見える。

第二部 マケドニア

　ペゼタイロイから選抜された精鋭兵で、彼らの側面や後方を守り、障害物が多く起伏の激しい地形での作戦に積極的に使用された。また、この部隊は機動力に定評のあることから、おそらく通常隊列を組んでいたと思われる。
　大王の信認が篤く、兵士の反乱や命令拒否など王が危険を感じたときに第一に頼りにするのが彼らであった。また、公式行事の際の警護や憲兵としても活躍していた。

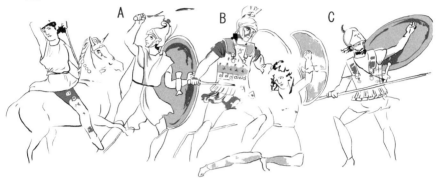

アマゾンの石棺。イタリア、タルキニア、前400～340年。
A：兜・黄、クレスト・赤の土台に白、ケープ・青、盾・赤に黄（青銅）の縁取り、脛当て・黄。
B：兜・黄に赤のクレスト立て、クレスト・白（羽?）、盾・白、鎧・白地にピンクと赤の装飾、服・赤、脛当て・黄。
C：兜・黄、クレスト・赤の土台に白、盾・赤、鎧・白に赤の装飾、服・白、脛当て・黄。

アマゾンの石棺。中央の人物は白いクレストのついた黄色の兜を被り、赤い服を着ている。鎧は肩当の赤い装飾を除いて白色。水色の盾に黄色の脛当てを着けている。

■編成

　ヒュパスピスタイの司令官はアルキヒュパスピステス（Archihypaspistes）という。記録によると前334～330年の間はパルメニオンの息子ニカノルが、その後は大王の母オリンピアの親戚ネオプトレモスがその任に当たったとされている。

第 1 章　軍編成

　ペルシア侵攻時の彼らは総勢3000人と推定されている。この部隊は3個キリアルキア（各1000人）に分かれるとされているが、キリアルキア制度は前331年まで存在していなかったと考えられているので、実際の組織の詳細は不明である。

　アスクレピオドトゥスの「軽装歩兵とペルタスト」についての記述を参照にしてヒュパスピスタイの編成を推定すると、最小単位が8段4列のシンタシス（Syntasis、32人）で、以降→50人隊（Pentekontarchia、64人）→百人隊（Hekatontarchia、128人）となる。百人隊が戦術上の基本単位で4人の員数外士官がつく。

　この上の階層は、プシラギア（Psilagia、256人）→クセナギア（Xenagia、512人）→シストレンマ（Systremma、1024人）→エピクセナギア（Epixenagia、2048人）、スティフォス（Stiphos、4096人）→ファランクスまたはエピタグマ（Phalanx、8192人）となる。ファランクスには8人の員数外士官がつくが、この内4人は将軍、残りはシストレンマ指揮官（Systremmatarchai）である。この8人の員数外士官の役割は言及されていないが、おそらく分遣隊として独立行動をとるときの指揮官であろう。

■ヒュパスピスタイの編成

この編成はファランギタイと正面幅が同じになるように編成されている。

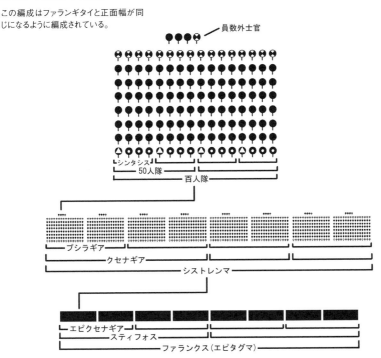

4. 銀盾隊（Argyraspides）

　王国軍最強の部隊で、盾の装飾に銀を使っていたことから命名された。兵数およそ3000人と推定されている。インド遠征時にヒュパスピスタイが改名されてできたとされている。

　大王の死後は不敗を誇るベテラン部隊として活躍し、前317年のパライタケネでは、60～70歳に達していたにも関わらず、数的優勢に立つ敵を圧倒した。翌年の戦いでは、敵兵5000人を倒しながらも後方の野営地にいた妻子と30年間に渡って蓄えた財産を人質に取られたため、王を捕えて敵に寝返ってしまう。その後、危険視された彼らはインド近郊の都市へと左遷され、危険な任務に就かされて粛清されていったという。

　後のヘレニズム諸王国では、この部隊を真似した金盾隊（Crysaspides）、銀盾隊、青銅盾隊（Chalkaspides）、白盾隊（Leukaspides）などが創設されているが、アレクサンドロス期の銀盾隊とは直接の関係はない。

5. ヒュパスピスタイ・バシリコイ（Hypaspistai Basilikoi）

　「王室重装歩兵団」という意味の最精鋭部隊。親衛隊（Somatophylax）とも呼ばれる。マケドニアの貴族階級出身者から構成され、その多く（または全て）は国王付き従者（Paides Basilikoi）の出身者である。組織構成や兵数（おそらく300人）、装備は不明。おそらく国王の徒歩親衛隊として活躍したと思われ、戦場では王の騎兵隊に入り混じるようにして行動していたと思われる（このような騎兵に交じって戦う歩兵をハミッポイ（Hamippoi）と呼び、騎兵の護衛や、落馬した敵騎兵に止めを刺す役割を負っていた）。ガウガメラの戦いでは、アグリアネス族部隊を突破して、王室イレに突撃を駆けようとした鎌戦車を制圧している。

　ヒュパスピスタイの中の精鋭部隊「アゲマ」のことという説もある。

6. ディマカエ（Dimachae）

　馬に乗って移動し、その後馬から降りて徒歩で戦う17、18世紀のドラグーン（竜騎兵）と似たコンセプトの兵士。おそらくヒュパスピスタイに似た装備をしており、ヒュパスピスタイ出身の兵士で構成されたという説もある。各兵士につき1人の従者がつき、戦闘中の馬の世話をした。

　前330年頃、ダリウス3世の死亡前に編成されたと思われる。編成当時の兵数は300人であるが、その後前327年に800人に拡大されている。

騎兵

　トゥキュディデスは、マケドニアの騎兵は鎧を着こみ、数で圧倒されるまで、前に立ちふさがるあらゆるものをなぎ倒してゆくと描写している通り、マケドニア騎兵は伝統的に重装騎兵としての戦い方を得意とした。

　マケドニアや後のヘレニズム諸王国の騎兵は、小規模部隊の集団で構成されていて小回りがきく。機動性に富む隊列を採用し、隊列を指揮する指揮官は大きな裁量を与えられた。これによって騎兵隊は一つの意志によって統率された狼の群れのように敵に一斉に食らいつき、一気に引き裂くことができたのだ。

フィリッポス以前のマケドニア騎兵。
ギリシアの軽騎兵とほぼ同一の装備である。

1．ヘタイロイ（Hetairoi）

　マケドニア軍の攻撃の要である重装騎兵で、長槍（キュストン：Xyston）による近接戦闘を主任務とする。

■編成

　イレ（Ile）が基本単位で通常イレと王室イレによって構成された。アッリアヌスの記述を基に、現時点での定説は、全体で8個イレ、内1個が兵数二倍の王室イレとされている。通常イレ（以降イレ）は地区ごとに召集されたと思われているが、6個タクシスのペゼタイロイと違い、ヘタイロイのイレは7個で計算が合わない。古代の著述家の記述も細部で混乱しており、不明点が多い。王室イレ（Ile Basilike）は、原文では複数形（Ilai Basilikai）で表記されているため、王室イレは通常の倍の兵数を持っていたが、戦いの直前に二つに分割され、それがイレの数の混乱を招いたのではとする説もある。

　しかし、実はこの混乱は重大な誤読である可能性も捨てきれない。というのもアッリアヌスの記述では「右翼はヘタイロイによって支えられ、その前方には王室イレが

第二部 マケドニア

あった」とし、その後8人の指揮官を記述したしめくくりで「最後の王室部隊はヘゲロクス隊であった」と記している。つまり、この8人の指揮官は、ヘタイロイの指揮官ではなく、王室イレ所属の各部隊の指揮官であったと読むべきだ。事実、彼は「ヘタイロイはパルメニオンの息子フィロタスの総指揮下におかれた」と付け足している。これを踏まえると、ヘタイロイと王室イレの数と、指揮官の数の不一致が解消する。つまり、古代の著述家たちが、本来なら王室イレに属する各部隊の指揮官名を、ヘタイロイのイレの指揮官名であると誤解し、それに合うように部隊数を調整した結果、混乱が引き起されたのだ。

よって、ヘタイロイは7個イレ（通常イレ6個、王室イレ1個）で編成され、王室イレは8個部隊で構成されていたのだろう。大王直属部隊の存在は記録されていない。

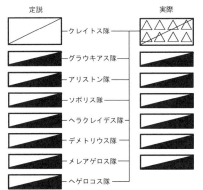

王室イレとヘタイロイの組織の定説と実際の相関図。白い部隊が王室イレ、黒い部隊がヘタイロイ。定説では、8人いる指揮官に合わせるため、ヘタイロイの数が7つに増えた上、ヘタイロイ指揮官と明言されているフィロタスの部隊が存在しないという不順を抱えている。しかし、実際には、これら8人の指揮官は王室イレ所属の部隊長であり、ヘタイロイはペゼタイロイと同じく6個イレからなる。

1個イレは150騎（王室イレ300騎）前後というのが定説である。1個王室イレ300騎説は、前述の王室イレは通常イレの倍であるという推定の他にも、後のヘレニズム諸国の騎兵親衛隊が300騎であることや、古代ギリシアにおいて300という数は精鋭部隊や親衛部隊の伝統的兵数であることを根拠としている。

著者は隊列構成などから、通常イレを144騎、王室イレは288騎と考えている。

前330年にアレクサンドロスによって行われた改革により、王室イレは「アゲマ（Agema：分隊、グループの意）」に

アレクサンダー石棺。ライオン狩りのシーン。マケドニア軍に編入されたペルシア人親衛隊騎兵、またはペルシア風の衣服を着た側近。ペルシア頭巾の着方がよくわかる。黄色い髪に赤ピンクの服を着る。馬はネメア種で、タテガミは額の部分を伸ばして髷にし、残りを短く刈るペルシア風。

第 1 章 軍編成

名称を変更する。彼の死後、アゲマは解体されたようだが、各国のエリート部隊の名称として復活した。

■ 装備

　主武器はキュストンで、バックアップ用の剣を持つ。兜はボエオティア式が一般的だが、ピロスやフリュギア式など様々なタイプも使われた。鎧はリノソラックスが多く、筋肉型鎧は使われなかった。

　当時の絵画資料では、騎兵は槍を体の右側に水平になるように持っている。この持ち方は槍のリーチを最大限に生かす方法で、敵を右側に置いて戦うということを意味している。一方、クセノフォンは著作の中で、敵を左に見て戦うように勧めているが、これは投槍を主武器とするため、敵を左に見た方が投擲しやすいのと、当時の騎兵が左肩のキュラミスを盾代わりにしているためである。マケドニアの騎兵は近接戦用のキュストンを装備し、さらに盾を持たないため、リーチが長く敵の盾の死角を突ける右側の戦闘を好んだのだろう。

アギオス・アタナシオス墓蹟の壁画。盾を持っているのは歩兵、残りは騎兵と思われる。左から2、3番目の兵士は紫色のリノソラクスを着ている。騎兵は全員下半分が紫色のオレンジのケープを着ており、おそらくヘタイロイのメンバーであろう。中央の歩兵二人は真紅の兜を被っている。4世紀末・ギリシア、テッサロニキ。

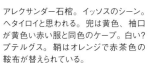

アレクサンダー石棺。イッソスのシーン。ヘタイロイと思われる。兜は黄色、袖口が黄色い赤い服と同色のケープ。白い？プテルグス。鞘はオレンジで赤茶色の鞍布が替えられている。

147

2. プロドロモイ (Prodromoi)

「前を進む者」という意味の名称を持つ軽騎兵。投槍、アルゴス式円盾（アスピス）、剣を持ち、革鎧やリノソラックスおよび青銅の兜を装備する（盾を持たないという説もある）。主に偵察や警戒任務にあたるが、ヘタイロイと組で編成されることもあり、ヘタイロイを側面攻撃や軽装歩兵・騎兵の攻撃から守るサポート役を務めていたと思われる。ヘタイロイと共同作戦をとるときは、投槍と盾の代わりに短めのサリッサ（またはキュストン）を装備し、サリッソフォロイ（Sarissophoroi）とも呼ばれた。

■編成

プロドロモイはイレで編成されていたが、その部隊数は4個イレ以上としかわかっていない。プルタルコスは、アレクサンドロスがグラニコス川の戦いでヘタイロイを含む騎兵13個イレを攻撃に投入したとしているので、ヘタイロイ7個イレを引いた残り6個イレをプロドロモイの部隊数とするのが自然だろう。ディオドロスは、ペルシア侵攻直後のマケドニア軍騎兵を1800騎であったとしている。ここから前述のヘタイロイ計1152騎を引いた648騎をプロドロモイ6個イレの兵数とすると、イレは108騎編成ということになる。

3. テッサリア騎兵

ギリシアで唯一広大な平原を持つテッサリア地方は、良質な騎兵の産地として知られていた。マケドニア軍のテッサリア騎兵（2000騎）はヘタイロイと同数である上に、戦場での位置もヘタイロイの反対側にあたる左翼を占める。さらに、王室イレに類する部隊まであり、ヘタイロイのコピー的な存在であった。

■編成

騎兵隊は10の地域からそれぞれ200騎が徴収され、イレに編成された。その中でもファルサルス地域のイレは他のイレよりも数が多かったといわれている。テッサリア騎兵が取っていた菱形隊列（後述）は36騎で編成されたといい、各イレの編成もこの隊列を基準に編成されていたはずだ。以上の要素を矛盾なく組み合わせてみると、ファルサルス・イレは10個部隊360人、その他イレは5個部隊180騎、計1980騎になる。ディオドロスによると、ペルシア侵攻直後のテッサリア騎兵は1800騎だが、後に増援200騎が来たとしており、矛盾はない。この200騎は、ファルサルス・イレの半数180騎であろう。

各部隊はテッサリア貴族によって指揮されるが、総指揮はマケドニア人が執った。

前330年、アケメネス朝ペルシアが滅亡すると、テッサリア騎兵は解体される。大

部分の兵士は素直に帰国の途に就くが、130騎の兵士は従軍継続を希望し、傭兵として雇用された。しかし翌年、残った兵士も故国へと帰還させられた。原因は語られていないが、彼らを長年指揮してきたパルメニオン将軍が大王によって粛清されたことが関係しているのではないかと言われている。

4．投槍騎兵（Hippakontistai）

　前330年頃に創設された部隊で、ヒュパスピスタイやヘタイロイの近くに布陣しているところから、エリート部隊の一員であると考えられている。確証はないが、ペルシア帝国崩壊後のイラン地方から召集された騎兵で、解体されたテッサリア騎兵の代替部隊かもしれない。
　大王の死後、この部隊は記録から消え、タラント騎兵にとってかわられる。

5．タラント騎兵（Hippeis Tarantinous）

　イタリア半島南端のギリシア植民都市タラント市起源の軽装騎兵。非常に有名で、傭兵として各地に雇われていた。アッリアヌスは飛び道具のほかに剣を持つと伝え、リウィウスによると二頭の馬を次々に乗りかえるという。盾（アスピスや直径30cmほどの小型盾）を持つとか、近接戦も行える中装騎兵であるとか、逆に遠距離戦専門の騎兵という説もある。少なくとも、特殊な武装や戦法を駆使する騎兵で、後に傭兵の軽装騎兵全般を指す言葉になっていったらしい。

イタリアの壺絵。タラント騎兵らしき騎兵は、アスピスを左手に持つ。服は典型的なイタリア中・南部式で、裾が短く派手な模様が描かれる。頭部には兜らしきものを被り、幅広の青銅製ベルトを巻く。対する歩兵はおそらくイタリア原住民。盾は円錐形で青銅器時代の影響が残る。空中には騎兵が投げたらしい投槍が描かれている。蛇行している柄は、製材されていない状態を表していると思われ、投げ紐もはっきりと描かれている。

軽装歩兵

1. プシロイ（Psiloi）

プシロイ（Psiloi：無防備兵）は、軽装歩兵を指す一般名詞である。他に裸体兵（Gymnetes）、軽装兵（Euzonoi）とも呼ばれる。所持している武器を基準に投槍兵（Grosphomachoi、Akontistai）、投石兵（Sphendonetai、Lithoboroi）、弓兵（Toxotai）とも呼ばれた。主に傭兵や同盟諸国からの援軍で構成されていた。

この他に騎兵と行動を共にするハミッポイ（Hamippoi）という兵種もあった。

軽装歩兵の大部分は防具をほとんど装備していないが、トラキタイ（Thrakitai：トラキア人）という例外もあった。彼らは軽量のメイル（チェインメイル）に大型の楕円形の盾、槍に剣を装備していたといわれており、近接戦を主に戦った。その点からいえば、トラキタイは重装歩兵の一種ともいえるかもしれない。

■編成

ヒュパスピスタイの項で紹介したが、8人のロコスを最小単位に、128人のシンタグマを戦術単位としたと思われる。これらの編成が実際に採られていたのかは謎だが、軽装歩兵の戦闘形態は士官たちが各兵士を的確に指揮する必要があるため、軍事理論家の提唱するように高度に統制された部隊であった可能性が高い。例えば、敵戦車や戦象などを躱す時には素早い隊列の変換が必要であるし、敵からの退却時には退却が壊走に陥らないように注意を払う者が必要だ。さらに複雑な地形での戦闘時には通常の指揮系統は機能せず、各部隊がそれぞれ独立に判断、行動をする必要がある。弓兵や投石兵の場合、攻撃目標を指示する役目も指揮官が果たしていたと思われる。

■戦闘

第一部でも説明したが、当時の飛び道具の殺傷能力はかなり低い。記録に残る投槍による負傷とその後の記録を調査した研究でも、致命傷に至ることは稀であるという結果が出た。とはいえ、鎧や盾を装備した敵に対する殺傷力の低さは、当時の武器全般に言えることなので、軽装歩兵の戦闘力は当時においてはそれなりとみなされていたのかもしれない。

軽装歩兵の戦い方について知ることのできる記述はほとんどないが、最初は軍の前面でメインの部隊を援護し、重装歩兵などが前進を始めると後方または側面に退

いて戦列をサポートし、敵が後退すると、再び前方にでて敵の追撃を行うというのが基本のパターンとされている。

退却中には殿軍の増強にも使われる（前220年のカフィアエの戦い）ほか、行軍中では、軍列の側面や前方の偵察・警戒などを担当した。平坦な土地の少ない地域では、軽装歩兵のみで構成された部隊が活躍している（前333年のキリキア地方の山岳地帯の攻略や、前279年のケルト人侵略部隊に対する防衛戦など）。

2．アグリアネス族部隊

「戦神」と呼ばれたトラキア（もしくはパエオニア）人の一支族で、現在のブルガリアに居住していた。アッリアヌスによる世界最強の四大民族の一つ（他はトラキア、パエオニア、イリュリア）で、大王が最も信頼を置いていた部隊でもある。起伏の激しい地形で高速の戦闘機動が必要とされる状況で投入される、いわゆる特殊部隊的な存在で、2日で120km を踏破、暗夜の中を19km 行進して敵を背後から奇襲、断崖絶壁をテント用の杭とロープでロッククライミングして奇襲するなどの他、イッソスでは側面に回り込んだ敵別働隊を、ガウガメラではペルシアの鎌戦車を、タナイス川ではスキタイの騎馬弓兵を、ヒュダスペスではインドの戦象部隊を撃破した、文字通りの超人部隊である。主武器は投槍だが、槍や弓を使うこともあったらしい。

アレクサンドロヴォ墓蹟のフレスコ画。後期トラキア人の習俗を伝える貴重な遺構。馬上の人物は白い模様の入った赤いズボンに赤い袖と帯の入った服を着ている。馬には豹皮の鞍布がかけられ、額当ての部分には三日月の金具がついている。ブルガリア。前4世紀。

アレクサンドロヴォ墓蹟のフレスコ画。袖ありと袖なしの二つのタイプの服が見られる。

第二部　マケドニア

後期トラキアの角兜。青銅製で、鉄製の頬当てがついていた。前4世紀。

3．ペルタスト（Peltastos）

　ここで紹介するペルタストは、イピクラテス式のペルタストで後のヘレニズム諸王国では軽装歩兵と重装歩兵の中間的な役割を果たしている。大王時代のマケドニア軍にペルタストがいたのかはわからないが、ヒュパスピスタイがそうであるかも知れない。ペゼタイロイよりも短い槍を持っていたと思われ、投槍も装備していた可能性もある。

　軽装歩兵のように散開状態での個人戦闘に加え、密集隊列を組めば敵騎兵の撃退やファランギタイとの正面戦闘もある程度なら可能という、いわばジョーカー部隊である。主にファランギタイの側面の防御や他の軽装歩兵のサポートを担当するが、騎兵やファランギタイが苦手とする起伏や障害物の多い地形においては他の追従を許さない戦闘力を誇った。

　主に重装歩兵隊の正面に置かれる。そのほかにも側面、後方に置かれるほか、ファランギタイと混成されることがある。アスクレピオドトゥスはこれをパレンタクシス（Parentaxis）、アエリアヌスはエンタクシス（Entaxsis）と呼ぶ。

砲兵

1．カタペルテス（Katapeltes）

　カタペルテス（盾を貫く者の意）は、シラクサの僭主ドュオニュシウスによって前399年頃に発明されたといわれる。

　最初のタイプはガストラフェテス（Gastraphetes：腹弓）といわれ、強力な弓を機械で引くようにしたものである。弓、レール、フレームの3つのパーツで構成され、レールがフレームの中をスライドするようになっている。レールには弓の弦を固定するトリガーがついており、これに弓弦をひっかけ、レールの先端を地面に、フレームの後端部を腹に押し付けて、全体重をかけてレールを押し込んで弓を引く。この武器は通常の弓よりも50mほど射程が長く（約200〜250m）、近距離ならば盾を貫通できる威力があった。様々な種類があり、全長1.9mの矢を2本同時に発射するタイプ、石弾を発射するものもあった。

　その後、カタペルテスは捻じれ弩砲へと進化した。このタイプは動物の腱や髪の毛などをより合せたケーブルの束を捻じることによって発生する力を利用するもので、弓の弾力を利用するタイプよりもコンパクトで強力な武器を作り出すことができた。

■カタペルテスの種類

　カタペルテスには2タイプある。一つは矢を発射するカタペルテス・オクシベレス（Katapeltes Oxibeles）、もう一つは石弾を発射するカタペルテス・ペトロボロス（Katapertes Petrobolos、Catapeltes Lithobolos）というタイプである。

　カタペルテス・オクシベレス（以降オクシベレス）は、軽量さと命中率が売りの狙撃専用兵器で、軍艦や攻城塔の重要な攻撃装備として活躍した。ペトロボロスは破壊力が売りの兵器で、城壁や施設などの構造物破壊に力を発揮する。一方とてつもなく重いため、小型のものを除き軍艦への搭載はほぼ不可

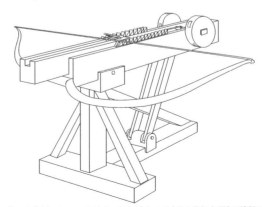

ビトンのオクシベレス。タレントゥムのザピュロス（前4世紀中頃）の設計で、彼はマウンテン・ガストラフェテス（おそらく解体、輸送が容易なため）と呼ぶ。弓の幅207cm、太さ5.5cm、弓弦直径1.84cm。

能で、攻城戦限定の兵器であった。

　オクシベレスの標準サイズはトリスピタメ（3スピタメ級）で、長さ69cmの矢を発射する。射程は不明だが、アゲシストラトスという人物の制作したオクシベレスは、長さ約90cmの矢を630m、約2mの矢を発射するものは720mの飛距離を記録したというので、少なくとも400mは超えただろうが、実際には照準などの関係から100m以内が有効射程ではないかと思われる。

　ペトロボロスは5ミナ級（2.2kg）から1タレント級（26.2kg）までのものが多く使われた。石弾は弾道のブレを防ぐために球形に整形され、重量を示す記号が彫り込まれた。大重量の物体を飛ばすため、本体の構造はオクシベレスよりはるかに頑強に作られている。特に1タレント級は重量12tのものでさえ強度不足と判明しているので、最大級のペトロボロスは重量20tに迫る。当時の三段櫂船が約70tということを考えると、重量級ペトロボロスの建造は、それ自体が偉業と言えよう。

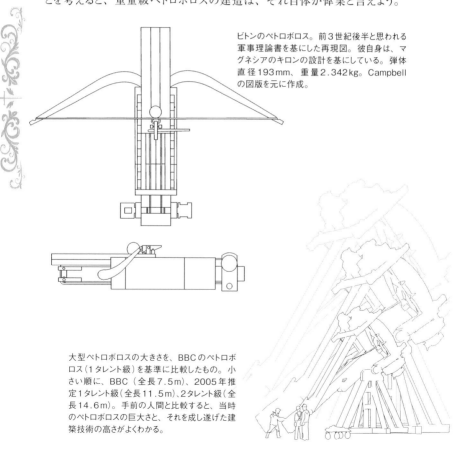

ビトンのペトロボロス。前3世紀後半と思われる軍事理論書を基にした再現図。彼自身は、マグネシアのキロンの設計を基にしている。弾体直径193mm、重量2.342kg。Campbellの図版を元に作成。

大型ペトロボロスの大きさを、BBCのペトロボロス（1タレント級）を基準に比較したもの。小さい順に、BBC（全長7.5m）、2005年推定1タレント級（全長11.5m）、2タレント級（全長14.6m）。手前の人間と比較すると、当時のペトロボロスの巨大さと、それを成し遂げた建築技術の高さがよくわかる。

第 1 章　軍編成

■カタペルテス

種類	弾体種類 / 重量 (kg)	弾体重量・長さ / スプリング径 (cm)	本体全長 (m) / スプリング長 (cm)	本隊全幅 (m)	本体高さ (m)
3スピタメ級	矢	69cm	2.74	1.08	1.47
	50.8	7.5	48.8	備考	
5スピタメ級	矢	123cm	3.7	1.9	
		13.6	88.4	備考	
5ミナ級	石弾	2.2kg	3.7	1.94	2.7
	1820			備考	
10ミナ級	石弾	4.4kg	6.4	3.2	
		21.2	191	備考	
20ミナ級	石弾	8.7kg	8	4	
		26.8	241	備考	
30ミナ級	石弾	13.1kg	9.2	4.6	
		30.7	276	備考	
1タレント級 (1984年推定)	石弾	26.2kg	7.75	5	6.35
				備考	
1タレント級 (2005年推定)	石弾	26.2kg	11.5	5.8	
		38.4	346	備考	
1タレント級 (BBC 2002年)	石弾	26.2kg	7.5	8.5	
	12t			強度不足により破損	
2タレント級	石弾	52.4kg	14.6	7.3	
		48.6	437	備考	
2.5タレント級	石弾	65.5kg	15.7	7.8	
		52.3	471	備考	

　その重量と取り回しの不便さから、野戦にカタペルテスを使うことは非常にまれであった。しかし全くないわけではない。最初に砲兵を野戦で使ったのはフォキア市の将軍オノマルコスである。彼は、砲兵を山に配置し、自軍を敗走に見せかけてマケドニア軍を砲兵の射程内におびき寄せ、撃破した。

　大王は渡河中の部隊を掩護するために二回ほど使用している。この頃には専門の兵士（Katapeltaphetai）が操作を担当していた。

　前207年のマンティネアでは、スパルタ軍はカタパルトを多数用意し、部隊の前面に展開しているが、あまり効果はなかった。

第二部　マケドニア

マケドニアの装備は官給であった。大規模な王立武器工廠も存在しており、豊かな鉱物資源と相まって、その供給能力は非常に高かったとされている。生産された装備品は、刻印が刻まれ、首都ペラの南城壁、王国宝物庫の隣にある要塞化武器庫に保管されていた。

武器

1. サリッサ（Sarissa、Sarisa）

ファランギタイを象徴する武器で、フィリッポス2世によって前359年頃に導入された。フィリッポスや大王の時代には全長457.2〜548.6cmほどだが、ヘレニズム王国期には762cmにまで延長された。アスクレピオドトゥスによると4.62〜5.5mの間が丁度いいという。柄は撓りを防ぐため、二本の木材を金属製のパイプで連結させて作られていて、持ち運び時には分解できたというが、それだと戦闘中に分解する可能性があるので、接着剤で固定していたのかもしれない。撓りを防ぐため、柄の太さは3.5cm以上必要だ。

その長さのため、隊列前方に3〜5本の穂先が飛び出すことになり、敵兵が容易に近接できない槍衾を作り出す。後列の兵士はサリッサを傾けることで、槍の傘を作り出し、飛来する飛び道具の邪魔をしていたとされているが、兵士の負担が大きすぎて不可能である。

■大きさ

ヴェルジナ出土のサリッサの穂先は長さ51cm、重量1235g。石突は長さ43.18cm、重量1105gである。柄を太さ3.5cm、長さ約548.6cm、重量4366.15gとして重心位置を計算すると、重心は石突から約336cm、サリッサの全

第 2 章 装備

長 642.78cm（重量 6706g）の中央より先端寄りになる。重心が持ち手のはるか前に出るので、非常に扱いづらく、槍を突き出すたびに槍の穂先が地面に吸い込まれるように落ちていくため、相当の力が必要になる。

全長を 457.2cm と短めにすると、重量 5221.7g、重心位置は石突から 238cm となり、大分扱いやすくなる（それでもトップヘビーではある）。

別の資料では、先ほどの穂先と石突のスペックが違っていて、穂先：長さ 51cm、重量 1235g、ソケット径 3.6cm。接続パイプ：全長 17cm、重量 500g、内径 2.5〜3.2cm。石突：長さ 44.5cm、重量 1070g、ソケット径 3.4cm とある。これで計算すると、総合重量が 7226g となり、ドリュの 5.5 倍もの重量になる。

しかし、この穂先が本当にサリッサのものであったかについては異論もある。前述のヴェルギナの発掘現場からは、前述の穂先の半分程度の大きさの穂先も発掘されており、それが本当の穂先というのである。実際、穂先は小さい方が重量や重心の面で有利だ。

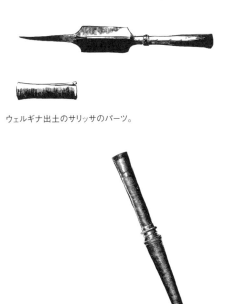

ウェルギナ出土のサリッサのパーツ。

ウェルギナ出土のサリッサの穂先。
全長51cm、重量1.235kg。

石突。「マケドニア所有」を意味する
MAKが掘られている官給品。

第二部 マケドニア

■持ち方

ポリュビウスによると、両手の間隔とバランスをとるために後方に伸びる部分の合計が177.6cmになるという。彼の時代のサリッサは長さ621.6cmなので、リーチは444cmとなる。アスクレピオドゥスはリーチを3.7m以上としているので、持ち手の長さは92cmとなる。ドリュとは違い、サリッサを持つと体は完全に横を向く。

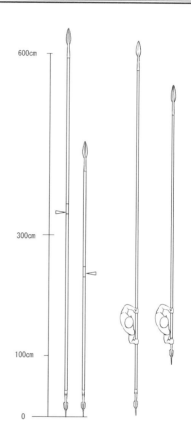

左の図はサリッサの長さ。左の長い方はヘレニズム期のもので全長642.78cm、右は大王期のサリッサで全長457.2cm。重心位置は三角で示した部分。右図はサリッサのリーチを図解したもので、左はポリュビオス、右はアスクレピオドゥスによる。図は両方とも同縮尺。

■欠点

サリッサは長距離の行軍の負担になる。重量があるので腕が疲れやすく、長い柄は歩くごとに肩の上でバウンドして多大な不快感を与える。また、槍を傾ける角度によっては石突が前後の兵に刺さったり、頭上で槍が絡まりあったりする上、木立の中を歩くときは木の枝に引っかかる。ローマの歴史家リウィウスは、ファランギタイを相手にするときには、枝の低く張った木立のある地形を選ぶとよいと記している。

2. 投槍（Akontion）

シシリアのディオドルスとクィントゥス・クルティウス・ルフスの二人は、マケドニア軍の精鋭兵コラグスとオリンピック優勝者であるアテネ人ディオクシップスとの決闘を書き残している。記述によると、コラグスは完全武装、ディオクシップスは全裸の上に棍棒一本だけを持って戦った。その戦いでは、まずコラグスが投槍を投げつけるが躱され、次のサリッサは棍棒でへし折られ、なおも剣を抜こうとする右腕をつかんだディ

第 2 章 装備

オクシップスがコラグスを投げ飛ばして勝利した。ここで注目すべきなのは、コラグスが最初に投槍を投げつけたということである。

おそらく実際の戦場ではサリッサと投槍の両方を持っていることはない（あまりにも嵩張りすぎる）だろうが、攻城戦などでは、ペゼタイロイたちはサリッサの代わりに投槍を持って戦ったのであろう。

3．キュストン（Xyston）

騎兵用の長槍で、ポンペイにある有名なアレクサンダー・モザイクでアレクサンドロスが持っている武器でもある（なお、ポンペイの壁画は前3世紀の絵のコピーとされ、当時の装備をかなり正確に描写していると考えられている）。3〜4.25mの長さ（ポンペイの壁画の槍は3.8mほど）で、絵画資料や貨幣の図像を見る限り、片手で中央付近を握って使う（つまり、重心は中央付近に来る）。鋭い石突も持つが、これを攻撃に使うことはない。マケドニア軍ではヘタイロイの武器として使われた。

ベドウィン族の戦士。手に持つ槍はキュストンとほぼ同じ長さがある。馬をやや小さくすれば、キュストンを装備した騎兵の印象がわかるだろう。19世紀。

■剣（Machaira、Kopis、Xiphos）

剣はバックアップ用として使われた。ホプリテスの剣と特に変わることはなく、特にある種の剣を好むということもないようである。

第二部 マケドニア

B 防具

1. 盾（Pelte）

　ファランギタイは、サリッサの使用を邪魔しない小型の盾を使用していた。円形の盾で、浅いお椀型をしており、アスピスのようなリムはない。本体はおそらく木製か革製で、正面を薄い青銅板で覆う。アスクレピオドトゥスは直径61〜68cmとしているが、発掘品の覆いから推定される直径は72〜75cmほど。定説では直径60〜75cmほどとされている。

　盾の裏側はよくわかっていないが、首から下げるための首紐と腕を通すためのストラップで構成されていたと考えられている。首紐を首にかけ、ストラップに腕を通してサリッサを持った腕を首紐で吊るすようにすると、長槍の重量を軽減できる。サリッサを失った場合の盾の持ち方は不明である。盾を握れるようにアスピスと同じハンドグリップがあったと思われるが、単純に肩からぶら下げていたままということもある（中世ヨーロッパでは、両手で武器を握るときに盾を背中、または左肩にぶら下げて戦った）。

　盾は黄色や紫、赤茶色、ピンク色や水色などに彩色された。文様は幾何学文様が多く、多くの場合、マケドニア王家の紋章である「光芒を放つ太陽（星）」が描かれている（光芒の数が多いほど高位だったらしい）。その他にはヘラクレスの顔や棍棒・ローマ軍の盾の意匠として有名な「翼の生えた雷霆」・両頭の斧・ゴルゴンの頭部・カドゥケス（ヘルメスの杖）などがある。後には大王のバスト肖像なども登場する。裏側も暗赤色・赤茶色・薄青色・紫・青・ピンク（ピンクがかったオレンジ）などに彩色されていた。

イリュリアの戦士たち。彼らの盾はマケドニアのファランギトイが装備する盾とサイズや装飾までうり二つで、両者の間には深い関係があるといわれている。

第 2 章 装備

大王の死直後に制作された銅貨。片面にはライオンの兜を被った大王の肖像画が描かれた盾、裏面にはクレストと月桂冠で飾られたピロスが彫り込まれており、当時の盾や兜の外見がわかる。前323〜310年。

マケドニア、ヘレニズム諸王国の盾の文様一覧。D・ヘッド『Armies of Macedonia and Punic Wars』を元にしたイラストより。

161

2. 鎧 (Thorax)

　当時使われた鎧は青銅製の筋肉鎧とリネン製のリノソラックスで、筋肉鎧は歩兵の士官クラスがつけていたらしい。特殊なものとして、フィリッポス2世の墓から出土した鉄製の鎧がある。リノソラックスを象った外見で、5mm厚の鉄本体の上に革、裏地に布を張り、黄金で縁取りがしてある。鎧の下縁には革製のプテルグスが装着されていた。

　半鎧（Hemithorakion）は、体の前部分のみ防護する鎧で、筋肉鎧の前半分にストラップを取り付けたものだ。ただ、この鎧に関する記述は僅か一例のみのため、実在が疑われている。

　騎兵はリノソラックスを好んで使っていた。また、鉄製の鎧も重量を特に気にしなくていい騎兵に人気であったと考えられている。

ウェルギナの鎧。アレクサンドロスの父親フィリッポス2世とされる墓蹟から出土した鉄製鎧。右は装着法の図解。胴体正面が二重になる。

ウェルギナの鎧の展開図。

第 2 章 装備

オドリュシアの墓蹟から出土した防具。リノソラックス形の鎧はおそらく革製で鉄の小札を縫いこんでいる。特筆すべきは正面が二重になっていること。ウェルギナの鉄製鎧とも共通する特徴で、リノソラックスは正面部を二重にしていたことがわかる。肩部後方を円形にくりぬいているが、その意図は不明。首にはやはり小札式の喉輪をつけている。ブルガリア、前4世紀半ば。

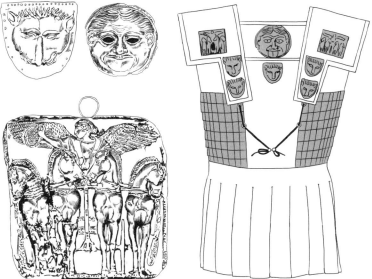

トラキアのリノソラックス用金銀装飾パーツとその再現図。パーツはライオンやメドゥーサのほか、四頭立て戦車に乗る勝利の女神ニケなどが打ち出されている。右の再現図のように、リノソラックスに接着して使用していたのだろう。ブルガリア、ゴリュマタ出土、前450年頃。

163

第二部　マケドニア

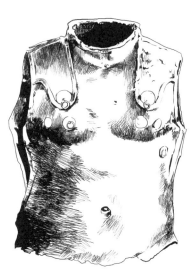

鉄製筋肉型鎧。首を立ち上げて攻撃が喉にあたらないようになっている他、肩当に似せた装飾が施されている。肩当と乳首にあたる部分に輪があり、おそらくこれに紐を通してより肩当を本物らしく見せていたのだろう。前400年頃。

ローマ時代の墓碑。ブーツの構造と石突、クレストの詳細がわかる。鎧は動きやすいように丈を短くし、前部を下に大きく張り出して下腹部を守るようにする、後期の筋肉型鎧の特徴を強く持つ。ロードス島、前1世紀。

3. 兜（Kranos）

　前330年までのマケドニア歩兵の大多数は革製やリネン製の兜をかぶっていたらしい。

　金属製兜は、ペゼタイロイの多くはピロス（当時はコノスといった）を被っていたが、ヒュパスピスタイはフリギア式やトラキア式の兜を主にかぶっていたようだ。この他にもアッティカ式、ハルキス式兜なども使われていた。

　絵画資料を見る限り、歩兵部隊の兜の多くは青色に塗られていたようだが、この色は鉄や銀を表す色としても使われているので、注意する必要がある。また、兜の色や模様は着用者の身分や階級、所属部隊を示す認識章であった可能性がある。ある浮彫には、兜のうなじ部分を守る部位のみ違う彩色がされているが、これは後方の兵士に自分の所属部隊や階級、縦隊を認識させるためのものだといわれている。

　騎兵はフリギア式、アッティカ式、ハルキス式などをかぶっていたが、最も広く使われたのはボイオティア式であった。さらに兜には武功抜群の証として、月桂樹を象った金属製の冠が兜につくこともあった。

第 2 章 装備

花輪の飾りのついたハルキス式兜。前 4 世紀。

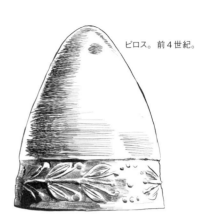
ピロス。前 4 世紀。

マケドニア式のピロス。本体だけでなく、頬当てと後頭部を守る首鎧がついており、アレクサンドロス期の硬貨に刻まれたピロスと非常によく似ている。前 4 世紀。

青銅製のフリュギア式兜。金の装飾が施されている。前 400 〜 375 年。

フリュギア・ボエオティア混合式兜。おそらく騎兵用と思われる。

4. 脛当て (Knemides)

ファランギタイにとって、脛当ては重要な装備の一つであり、歴代の王も脛当ての着用を義務付けた法令を出している。

官製のためか、かなり簡略化されており、金属の弾性で固定する方式を捨て、膝下（と踵）部分をガーターで結わえて固定していた。このタイプの脛当ては長期間使用すると靴擦れのような症状を起こすため、着けない兵士も多かったようだ。

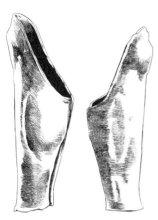

マケドニア王フィリッポス2世の脛当て。ギリシア式のシンプルなタイプで、上下を紐で縛って固定する。左右の大きさがかなり違うことについて、学者たちの間で様々な議論がされている。前4世紀。

トラキア（マケドニア）式脛当て。基本構造はギリシアのものを踏襲しながらも、膝部に顔を描くトラキア特有の装飾様式を取り入れている。イラストの脛当ては左右別の場所から出土している。ルーマニア出土。

5. 喉輪 (Peritrachelion)

トラキアで5世紀頃に登場する防具で、身分の高さを示すものでもあったらしい。鉄製、青銅製の他にも革製や黄金製、小札式のものなどがある。首を守る立挙と、胸を守る垂からなり、首の後ろ部分で閉じる。ガウガメラの戦いでアレクサンドロスがつけた喉輪は鉄製で、宝石が飾られていたという。

トラキアの喉輪。
このイラストは革の上に青銅の小札を縫い付けたもの。

第2章 装備

C 衣服・装飾品など

1. カウシア（Kausia）

マケドニアの国民装束ともいえる帽子。白っぽいクリーム色から茶色、オレンジに近い錆色の革やフェルト製の帽子で、キノコ型をしている。上流階級やヒュパスピスタイ、ヘタイロイが被っていたものとされている。前200年頃のヘタイロイは、白いクリーム色のカウシアを部隊章としていたらしい。現代のアフガン・パキスタン地方の帽子パコルの原型であると考える者もいる。

カウシアを被ったマケドニア人の小像。

2. クラミュス（Chramys）

マケドニア地方のクラミュス（外套）は、前425年頃までに登場したといわれる。主に騎兵が着用し、馬にまたがりやすいように丈が短い。形状はギリシア式の長方形ではなく半円形で、羊毛製（冬用）またはリネン製（夏用）。角には房飾りのような形の装飾がついている。右肩にブローチなどで留めて着用するため、右手を自由に使うことができた。

3. クレピデス（Krepides）

騎兵用のブーツで、前5世紀頃に登場した。網のように穴の開いた、いわゆるオープンワーク製。踝からふくらはぎ程度の丈で、つま先が開き、靴底には鋲が打ってある。一般的にペリュトラと呼ばれる靴下と一緒に履かれた。靴擦れや湿気対策を主眼に置いて設計されていた。

アテネで発見された銅像の一部。複雑なレースをもった当時のブーツの構造がよくわかる。白く残した部分は拍車。前4世紀末。

4. サンダル、靴

歩兵たちは、バランス維持や機動性の維持のため、戦闘中は裸足だった。一見大げさなようだが、エトルリアから発掘された靴は片方で670gほどもあり、当時の靴は激しい運動には向かないのだ。一方、行軍中は足の保護のために靴やクレピデスを着用していた。

5. 鞍

ギリシアのものと同じく、毛布などを馬の背中にかけていた程度であったらしい。国王や将軍、親衛隊は豹の毛皮や、刺繍の施された布を鞍布にしていた（豹の毛皮を鞍布として使うのはペルシアの伝統であり、またマケドニア人が信仰するデュオニソス神の聖獣でもあった）。部隊ごとに色分けされた布を豹皮に裏張りしていたという説もある。

スキタイなどでは前4世紀後半からクッション式の鞍も使われており、マケドニア騎兵もこのタイプの鞍を使っていた可能性もなくはない。この鞍は木製のフレームに鹿の毛や藁を詰めたクッションを取り付けたもので、安定して座ることができ、乗り手の体重が馬の背骨にかからないために負担が少ない。トラキア人の武装を研究したウェバーによると、このタイプの鞍によって、騎兵の近接戦能力が格段に高まり、槍を持って突撃するマケドニア式の戦法が可能になる一因を作ったという。

なぜスキタイ族がこのような鞍を発展させたかというと、彼らの馬は胸郭が非常に大きく、背筋が比較的真っ直ぐなため、快適に乗るにはクッションが必要だったためだ。このクッションを改良したものがスキタイ式の鞍なのである。

馬をなだめる黒人馬丁。背中にかけられた豹皮から、ヘタイロイか王室イレに属する騎兵の持ち馬であろう。豹皮は頭部から背中にかけて切れ込みを入れて、そこに馬の首を通す。前足の中ほどに帯がついていて、これを馬の胸に回して固定した。馬の尻の上あたりには、ボエオティア式兜が描かれていた。前320～260年、または前150年頃。

第 2 章 装備

スキタイ（サカ族）の黄金製装飾品。木陰で休む（落命する？）英雄とそれを見守る戦士という彼らの好んだ題材。木に繋がれた馬の背には、クッション式の鞍がつけられている。鞍の前後から垂れる紐のようなものは、飾り紐。前5世紀。

スキタイのクッション式鞍布。分厚いフェルトを幾重にも重ねてクッションにしている。赤や青、緑でヤギを襲うグリフォンが描かれ、裾は豪華に装飾されている。アルタイ山脈東のパジュリュク墳墓1から出土。前5世紀。

6．拍車

　拍車は前4世紀後半にトラキア地方で使われ始めた。大王期のマケドニアでは拍車が使われたという記録はないが、何らかの影響は受けていたのではないか。踵を収める三日月形の本体に刺を付けた形をしており、ブーツにはめ込んで装着した。

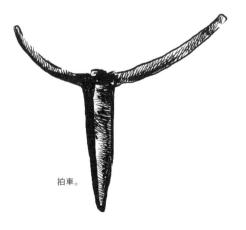

拍車。

169

7. 上級指揮官の装備

　国王や将軍などは、非常に豪華な装備をしていた。特に大王の衣服や外套、装備は末端の兵士でも一目でわかるほどで、その後数百年に渡ってレプリカが作られるほどのものだった。紫色は特に珍重された色で、大王はほぼ常に紫色の衣服や外套を身に着けていたという。紫色は、最初の頃は国王のみの特権であったようだが、後に配下の将軍たちにも着用が許されている。ペルシア帝国滅亡後は、ペルシア式の豪奢な衣服の着用が上級指揮官たちに強制された。

　将軍や士官、エリート部隊の兵士たちは、磨かれた鉄製の兜や銀箔張りの兜を被った。ガウガメラの戦いの大王は、有名な鎧師テオフィルスによる、磨き抜かれ銀のように輝く鉄製の兜をかぶり、グラニコス河の戦いでは、彼の兜はクレストと兜の側面に高く立つ白羽で装飾されていた（映画『アレクサンダー』で再現されている）。

　このようなクレストは将軍たちだけでなく、精鋭の兵士や士官たちにも広く着用されていたとされている。クレストは単なる装飾ではなく、着用者の身分を示し、後続の兵士には自分の進むべき方向や位置を把握するためのマーカーとして機能した（当時の戦場では砂埃がひどく、自分の位置を見失うこともあった）。

　角をつけた兜も存在していたようだ。エピルスのピュロスはそびえ立つクレストと山羊の角のついた兜をかぶり、セレウコス（とおそらく大王）は、牡牛の角をつけた兜に豹の皮をかぶせたものを着用していた。これらの派手な装飾は着用者の富や権威を表すだけでなく、神の加護（山羊の角は森林の神パンを象徴する）を得るためのものとされている。ペルシア征服後は、ペルシア王の恐るべき神威を象徴するグリフォンが取り入れられた。

アレクサンダー石棺。イッソスのシーン。ライオンの兜をかぶったアレクサンドロス。兜は黄色、馬は赤茶色と思われる色に塗られ、黄色で豹皮の鞍布が描かれていた。右下は頭部の拡大図。金属製の兜の上に毛皮をかぶせていると思われる。

アレクサンドロスの貨幣。
ヤギの角らしきものをつけた兜を被っている。前336〜323年。

第 2 章 装備

アレクサンダー・モザイクの拡大図。非常に豪華なリノソラクスが見て取れる。ウエストには緑色のペルシアベルトを巻く。肩にプテルグスを取り付けるのは非常に珍しい。額当て付きの豪華な馬具、首に巻いたベルト、緑の裏打ちがされた豹皮の鞍布の一部が見える。馬の髪型はペルシア風。背景の人物は銀色の兜に黄金の月桂冠を着けており、王室イレの兵士（または指揮官）と思われる。

アリストナウテスの墓碑。ギリシア東端のハライ（現アルテミダ市）出身の士官。月桂冠（消失）のついたフリギア式兜に筋肉型鎧を着込み、アスピスを構える。鎧の下から覗く3重のプテルグスは、革製の鎧下の一部。前320年。

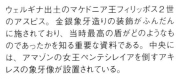

ウェルギナ出土のマケドニア王フィリッポス2世のアスピス。金銀象牙造りの装飾がふんだんに施されており、当時最高の盾がどのようなものであったかを知る重要な資料である。中央には、アマゾンの女王ペンテシレイアを倒すアキレスの象牙像が設置されている。

　指輪は士官としての身分証の他に、行政文書の署名の時に印鑑として使用された。
　特筆すべきはペルシアベルトなどと呼ばれる、ウエスト部分に巻く帯である。これは大王がペルシアの習俗を取り入れたときに導入されたものと言われ、高位の身分を示すものであったようだ。後にローマに取り入れられ、指揮官の身分を示す装飾品となった。

8. 軍旗（Semeion）

軍旗は戦場で自分たちがどこにいるべきかを示し、命令を伝達し、野営地では自分の部隊がどこに割り当てられているかを示すビーコンであった。しかし、前5世紀まで、ギリシアには軍旗は存在しなかった。先頭の兵士の兜のクレストを目印に、彼の後ろをついていけばよかったからだ。

マケドニアの軍旗は、ペルシア式（ローマの分遣隊旗に似たもので、槍の穂先付近に横棒をつけ、そこから布を垂らす）だったらしい。旗を垂らす横棒には、植物文様などの飾りがついたものもあった。旗に描かれた模様は様々で、サイレン、金の月桂冠、ケンタウルス、牡牛、獅子、翼を広げた鷲、馬、鼎、光芒を放つ太陽、ゴルゴンなどがあったと記録されている。これらのデザインは指揮官が決め、新指揮官が就任すると新しいデザインに変更されたらしい。

大王の時代の軍旗は騎兵のみに使われており、歩兵も軍旗を持つようになったのはヘレニズム王国期であるとも言われている。

青銅製のベルトの一部。重装槍兵の背後に軍旗が見える。ペルガモン。

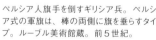

ペルシア人旗手を倒すギリシア兵。ペルシア式の軍旗は、棒の両側に旗を垂らすタイプ。ルーブル美術館蔵。前5世紀。

9. 日用品

ポリアエヌスは、フィリッポスの改革として、機動力の向上のために従者を兵士10人（おそらく1個デカニアの兵士10人。ロカゴスとオウラゴスは別に従者を持っていたのだろう）につき一人に制限したと紹介している。

第 2 章 装備

　兵士が携帯していた日用品は、寝具（毛布）、枝編み細工製の食物箱（肩ひも付き）、鍋、盾覆い、財布、金や高価な分捕り品、水筒、スポンジ、ストリギル（汚れを落とすヘラのようなもの）、オイル瓶、髭剃り、筆記用具、ゲーム盤やサイコロ、替えの服、裁縫用具、ナイフ、砥石、火打石などで、インドでは、当地で取れた綿で枕を作ったという。大型の装備（テントや碾臼など）はロバなどで運搬していたようだ。

　食料は、フィリッポスが兵士たちに30日分の食料を運ぶように命じたとあるが、これだけの食料は人間が運ぶには重すぎる。後世の記録では、2、4、10日分の食料を運んでいたとされている（10日が最も多く言及される）ので、こちらが正解だろう。

左：犬儒派の哲学者テーバイのクラテスを描いたヘレニズム期のフレスコ画のコピー。ローマ、前2〜1世紀。右：左を元にしたマケドニア歩兵の行軍時の想像図。

10．褒賞品

　特別に優秀な兵士または士官には、王族から腕輪や、兜に飾る黄金の月桂冠を贈られた。
　さらに、1992年にアフガニスタンで発掘され、アレクサンダー・メダリオンと命名されたテトラドラクマ金貨には、インド象やインド兵、インド軍の戦車と思われる像が打ち出されており、インド戦役の終了（前326〜324年）を記念して作られ、兵士たちに配られたものと考えられている。なお、これはヨーロッパ史上初の従軍記念メダルである。

第3章 戦法

歩兵

1. 隊列の間隔

兵士同士の間隔は、ホプリテスのものと同じ（散開隊列:1.8m、通常隊列:0.9m、密集隊列:0.45m）である。また、ポリュビオスによると、16段縦深の隊列の行軍では、兵士1600人で幅1スタディオン（約185m＝600ポウス）を占め、各兵士の間隔は6ポウス（0.185m）だと書いている。また、歩兵32000人の8段縦深（4000列）では、兵士同士がぶつかるほどに詰めても幅20スタディオン（3700m）を超えてしまうと述べている。この時に兵士一人が占める幅は0.925mなので、これがファランギタイが戦闘能力を維持できる最小の間隔ということになる。その後の記述でも、ファランギタイの戦闘間隔（正確には兵士一人が占める幅）を約0.9mと一貫して主張している。彼は騎兵隊の隊長で軍務の実際に触れている人間なので、これらの記述は信頼できる。

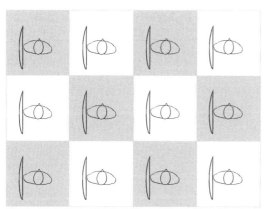

ファランギタイの隊列は、「兵士と兵士の間隔」ではなく「兵士が占める範囲」で計算される。図のチェッカー模様は、通常隊列における縦横90cmの範囲を示している。この状態では、兵士同士の間隔は約50cmほどとなる。

第3章 戦法

　この間隔は、後方のサリッサを通すためのものであるといわれている。しかし、どのように槍を通すのであろうか。これまでの定説では、兵士たちが少しずつ横にずれて槍を通すとされていた。しかし、これでは後ろの兵士に前の兵士のサリッサがぶつかって危険だ。実物を使った実験などでは、二列目の兵士が一歩左に移動して、互い違いに槍を突き出すのが最も効率がいいとされている。

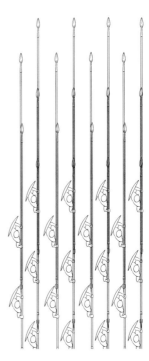

従来の定説通りにファランギタイが並んだ場合。見にくいかもしれないが、前後の兵士に柄が当たるため、槍を左右に振って狙いをつけることが事実上不可能になる。また、前の兵士の石突にぶつかって怪我をする可能性も高い。また、この図では槍衾の中に通路ができてしまう。前述のように、兵士たちの槍は左右に振れないので、この通路を伝って敵が近接できてしまう。

新説の並び方。このように交互に並ぶと、槍を左右に振って狙いをつけることができる上、従来説のような通路ができず、敵の接近を許さない。また、兵士の真後ろに立つ兵士に石突が当たる危険性が大幅に抑えられている。各兵士がある程度のスペースを持つことで、機動力を増している。

2. 戦闘機動

軍事理論家による戦闘機動の例は以下の通りである（多くの場合、機動はシンタグマ単位で行われた）。

● **右(左)向け (Klisis)**：兵士は右または左に90度向きを変える。「右向け」は「槍へ (Epi Doru)」、「左向け」は歩兵なら「盾へ (Ep'aspida)」、騎兵は「手綱へ (Eph'enian)」をつける（例：Eph'enian Klinon）。

● **後ろ向け (Metabole)**：兵士は180度向きを変え、後方を向く。

● **旋回四分の一 (Epistrophe)**：隊列全体が90度旋回する。右旋回なら最右翼のロカゴス、左旋回なら最左翼のロカゴスを中心にする。

● **旋回二分の一 (Perispasmos)**：隊列全体が180度旋回し、後方を向く。

● **旋回四分の三 (Ekperispasmos)**：隊列全体が270度旋回する。

● **後進四分の一 (Anastrophe)**：隊列全体が後進して90度旋回する。

● **出発点に進め (Epikatastasis)**：これまでの旋回方向を維持したまま旋回を続けて元の位置に戻る。

● **出発点に戻れ (Apokatastasis)**：逆方向に旋回して元の位置に戻る。

● **縦列揃え (Stoichein)**：おそらく「前へならえ」

● **横列揃え (Zygein)**：おそらく「右にならえ」

● **反転 (Exeligmos)**：部隊を（前後・左右に）反転させる。3種類ある。

● **マケドニア式反転**：隊列先頭のロカゴスが後ろを向く。その後、後続の兵士がロカゴスの後ろへと順次移動して反転する。この方法だと部隊が後退、時には壊走しているように見え、後方から迫る敵の攻撃を誘うことができる。

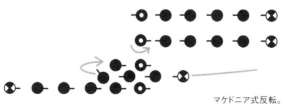

マケドニア式反転。

第3章 戦法

●ラコニア式反転：
隊列最後尾のオウラゴスが後ろを向き、他の兵士が彼の前方へ移動する。この方法は敵に前進しているように見せかけ、圧迫感を与える。

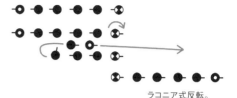

ラコニア式反転。

●クレタ式・ペルシア式：
隊列全員が「後ろ向け」で反転する。

クレタ式反転。

●倍列（Diplasiasmos）：
これは兵士の密集度を倍にするものと、部隊の幅や深さを変化させるものの二種類がある。二つの部隊を組み合わせるときは、Ａ部隊の後方にＢ部隊を移動させ、Ａ部隊の縦隊の間隔にＢ部隊の縦隊が入り込む（横列の密度が倍になる）。またはＡ部隊の兵士の前後の間に入り込む（縦列の密度が倍になる）。イッソスの戦いでペゼタイロイ右翼を伸長した後の隊列の隙間にギリシア人傭兵を入り込ませるときや、前222年のセラシアの戦いで使用。一つの部隊で行うときは、縦列の後ろ半分がＢ部隊の代わりになる。

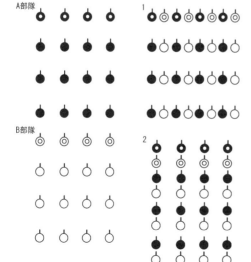

倍列。左の図はＡ部隊の後方にＢ部隊が並んだところ。右の図は倍列になった状態で、1が横の倍列、2が縦の倍列。幅を倍にするときは、縦隊ごとの間隔を倍にする、または1の機動で部隊を倍の密度にした後、Ｂ部隊にあたる兵士が横に行進して隣へと移動する。またはＢ部隊にあたる兵士がＡ部隊後方に移動し、横に移動してからＡ部隊の隣に前進する。前197年のキュノスケファレの戦いや、イッソスの戦いで使用された。

1

2

幅を倍にする倍列。上のように倍列の要領で二部隊を組み合わせ、その後B部隊が横に移動する。深さを倍にするときは、幅を倍にする方法を縦方向に変換する。兵士同士の間隔を詰めるときは、一番右側の兵士の方向に詰めるのが基本である。

● **引率前進（Epagoge）**：ロカゴスが先頭になって行進する通常の前進法。行軍時には、数個縦隊ごとのグループが縦に連なって進む。

引率前進。上はロカゴスが先頭になる通常の移動法。下はロカゴスが後ろになる移動法で、後退するときなどに使われる。

● **側方前進（Paragoge）**：部隊が横方向を向いて移動する。アスクレピオドトゥスはこの単語を部隊の移動という意味で使っている。アッリアヌスによる各種陣形の多くはこの機動をする。

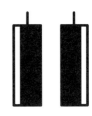

側方前進。進行方向を向いて、ロカゴスが右に来るものを「右向き」、逆の場合を「左向き」と呼ぶ。

3. 陣形

陣形の名称は、アエリアヌスを基にした。

● **横長隊列（Phalanx Plagia）**：縦深よりも幅が広い隊列。通常のシンタグマ（正方形）よりも横に広がった状態をさす。

● **縦長隊列（Phalanx Orthia）**：縦深が幅を超える隊列。アスクレピオドトゥスでは部隊が横向きに進むこと。

第3章 戦法

●梯団(斜傾)陣(Phalanx Loxe)：部隊が斜めに並ぶ陣形で、三通りある。

三種類の梯団陣。
上：部隊が少しずつ前進しながら並ぶ。現代の梯団陣と同じ。
中：部隊内の兵士が少しずつ前進して並ぶ。
下：通常の隊列のまま、部隊が斜めに向く。

●順列陣(Epagoge)：引率前進と同じ単語だが別の意味をもつ。複数部隊が縦に連なる行進陣形で、隊列が横向きに移動する場合と普通に進む場合がある。ポリュビウスは障害物の多い地形での前進に最適としている。前222年のセラシアの戦いで使用。

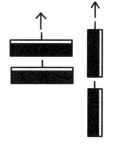

順列陣。

●並列陣(Syzeuxis)：2個(複数)部隊が進行方向に向かって横に並ぶ行軍陣形。縦列先頭のロカゴスの向きで4種類に分かれる。前335年のペリウムの戦いで使用。

並列陣。ここではロカゴスが外側を向く方式を図式したが、ほかにもロカゴスが内側を向く方法、片方のロカゴスが外、反対側のものは内を向く方法の4通りがある。

●単列陣(Monophalangia)：1個部隊による行進、または全軍が一つのブロックを形成するもっとも単純な陣形。単辺陣(Monopleuro)ともいう。

●二列陣(Diphalangia)：2個部隊が縦長の状態で並行して移動する陣形。並列陣と基本は同じ。両辺陣(Dipleuro)ともいい、両側に危険がある時に使うとされている。

●三列陣(Triphalangia)：3個部隊が移動する陣形。三辺陣(Tripleuro)ともいい、おそらく半方陣(牛角陣)に似た行軍用の陣形。

●四列陣(Tetraphalangia)：4個部隊による陣形。四辺陣(Tetrapleuro)ともいい、おそらく中空方陣と同様の形状の行軍陣形。

● **楔陣（Embolon）**：∧型の陣形。アエリアヌスによると、陣は三角形（台形）で、頂点にあたる部分には少なくとも歩兵3人は必要という。また、陣形の外周部分に重装歩兵を置くという一文もあるため、中央部分に軽装歩兵を置くこともあるのだろう。前335年のペリウムの戦いで使用。

楔陣。

● **漏斗陣（Koilembolos）**：楔陣の前後を入れ替えたV字型の陣形。アエリアヌスによるとV字の頂点部分は繋がらずに離れる。

上はアスクレピオドトゥスの漏斗陣。
下はアエリアヌスの漏斗陣。

● **両面陣（Phalanx Antistomus）**：部隊の後ろ半分が反転して、前後両方に槍を並べる陣形。騎兵の攻撃に有効とされる。2個部隊で行う場合はDiphalangia Antistomusと呼ばれる。

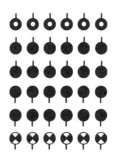

両面陣。

● **両面側方陣（Phalanx Amphistomus）**：両面陣と同じだが、側面に槍を構える。アスクレピオドトゥスはDiphalangia Amphistomusと呼ぶ。

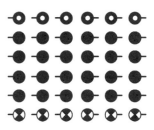

両面側方陣。

●**分離陣**（Diphalangia Peristomus）：
両面陣、または両面側方陣から、一方の部隊は右、もう一方の部隊は左へと、敵を挟み込むように進む。中空方陣を組む相手を崩すのに有効であるという。

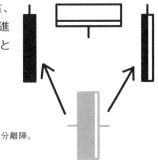

分離陣。

●**単面順列陣**（Phalanx Homoiostomus）：順列陣の一種で、すべての部隊の正面が同じ方向に向く。

●**交差順列陣**（Phalanx Heterostomus）：
単面順列陣と同じだが、各部隊の正面が互い違いに右左と並ぶ陣形。

交差順列陣。

●**正方形陣**（Plinthium）：部隊が正方形になる陣形。シンタグマの基本形状だが、複数の部隊が組み合わさって作ることもある。単面順列陣を破るとされている。

●**三日月陣**（Menoides、Koile）：部隊が弧を描く陣形。凹部が正面に来る。菱形隊列の騎兵に有効。前206年のイリッパで、スキピオ・アフリカヌスは、これと後退牛角陣（または三列陣）の組み合わせを使った。

三日月陣。

第二部　マケドニア

●弧線陣（Kyrte）：三日月陣とは逆に中央部が敵に突き出る。アエリアヌスによると、この陣形は兵士の数を実際よりも少なく見せかけることができ、敵の予想を超える圧力を加えることができるという。カンネーの戦いで使用。

弧線陣。

●牛角陣（Epicampios Emprosthia）：横向きに進む部隊二つと普通の向きの部隊が、コの字型に並ぶ陣形。騎馬弓兵に有効。アスクレピオドトゥスでは半方陣の一種でロカゴスが外側に来る。

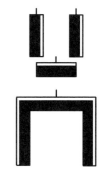

牛角陣。上はアエリアヌス、下はアスクレピオドトゥスの牛角陣。

●後退牛角陣（Epicampios Opisthia）：牛角陣と同じ部隊配置だが、両脇の部隊が、状況が不利になり次第後退していく。自軍中央の部隊の縦深を3分の1に見せかける効果があるという。アスクレピオドトゥスによると半方陣の一種でロカゴスが内側に来る。前206年のイリッパで使用。

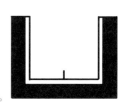

アスクレピオドトゥスによる後退牛角陣。

●混成長方陣（Plaision）：深さより幅が広い方陣で、外周に重装歩兵を、内側に軽装歩兵を配置する。中空方陣と同一視されることもある。

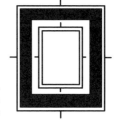

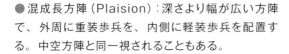

混成長方陣。ここでは見やすさのために、外周の重装槍兵と内側の軽装歩兵を離しているが、実際には両者の間には隙間がない。

●鋸刃陣（Peplegmene）：最前列のロカゴスが、前後にジグザグに並ぶ陣形（ロカゴス以下の兵士は通常の隊列）。混成長方陣を破る陣形で、突出した兵士に攻撃を集中させることで敵陣の統制を乱して反撃する。アスクレピオドトゥスでは、部隊がＶ字型に並ぶ行進陣形。

アエリアヌスによる鋸刃陣。

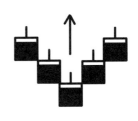
アスクレピオドトゥスによる鋸刃陣。

●中空方陣（Tetrapleuros）：四つの部隊が周囲を守る陣形。前331のガウガメラや前190年のマグネシアで使用。正方形の場合はTetraphalangia Tetragonos、長方形はTetraphalangia Paramekesとも呼ばれる。

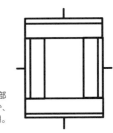

中空方陣。原本のイラストでは、図のように前後の部隊が長く、側面の部隊は短くなっている。これが実際か、それとも写本家のミスかは不明。

●散開陣（Esparmena）：部隊がチェッカーボード状に並ぶ行軍隊列。鋸刃陣と対をなす。ローマ軍の布陣法はこの一種。

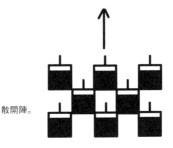
散開陣。

第二部　マケドニア

B　騎兵

1. 騎兵の編成

　一個イレは50～300騎の間で、150騎程度が一般的と考えられている。当時の軍事理論家は、イレの上位部隊をイレ（150騎）→エピラルキア（300騎）→タラント隊（Tarantinarchia：600騎）→ヒッパルキア（Hipparchia、1200騎）→エピッパルキア（Ephipparchia、2400騎）→テロス（Telos、4800騎）→エピタグマ（Epitagma、9600騎）としているが、この中で存在が確認されているのはイレとヒッパルキアのみである。大王の時代には、他にもロコスとテトラルキアという部隊が確認されている。ロコスはイレの下部部隊。テトラルキアはイレの上位部隊で、ヒッパルキア制度が確立する前の編成とされている。

■ヒッパルキア

　「騎兵部隊」という意味。成立年代は不明であるが、大王の時代にはヘタイロイ8個イレで編成されていた。その後、前330年にヒッパルキアが二つに分割され、最終的には5個ヒッパルキアまで増設されたと考えられている。ギリシアでは騎兵戦力全体を指した。

　ヒッパルキア増設の背景には、ペルシア帝国崩壊後、中央アジアの広大な地域でゲリラ的に戦う敵を相手にするために、独立した遊撃隊が必要だったためと言われる。また、軍の要であるヒッパルキア指揮官の権力を分散させる目的もあったとされている。

2. 隊列

■方形隊列（Tetragomon）

　ギリシア、ペルシア、シチリアで使われたという隊列。簡単に整列できるが、指揮統制が困難で、方向転換により大きいスペースと時間が必要になる。

　横列の人数を縦列の2倍か3倍にして、上から見たときに隊列が正方形になるのが理想とされた（馬は前後に長いので、縦横同数だと長方形になる）。縦深は4～10段で、8段が一般的と言われる。

　騎兵は歩兵とは違い、隊列の縦深は重要ではない（歩兵のように後方の兵士が前の兵士を押したりすると、馬が暴れたりして危険なためと説明されている）ため、隊列を浅く組む傾向がある。アスクレピオドトゥスは、最適な縦深は3～4段だと述べ、ポリュビオスは、8段以上は兵の無駄としている。

ポリュビオスは、騎兵800騎が縦8段、横100列並ぶと、部隊が戦闘機動に必要なスペースを含めて幅185ｍを占めると書いている。戦闘機動用のスペースは部隊と同幅なので、横100列の部隊の正面幅は92.5ｍ、兵士の占めるスペースは幅92.5cm、深さ185cm（または277.5cm）となる。ナポレオン時代の騎兵大隊の間隔は10ｍであることを考えると、かなり広くとっているが、現代馬術の最小基本旋回半径が6ｍであることを考えると、決して過剰ではないだろう。また、ナポレオン時代の騎兵は縦深2段で6ｍ、前後の馬の間隔は0.66ｍ（馬一頭の長さは2.67ｍ）なので、古代の騎兵は前後の馬が接触するギリギリの距離で整列していた可能性がある。

ともあれ、これを基にアスクレピオドトゥスの方形隊列（16列8段、合計128騎）を計算すると、一辺14.4ｍの正方形の面積を占めることになる。対角線上の兵士間の距離が20.3ｍもあるため、指揮官が声だけで部隊の統制をとることは非常に難しかっただろう。

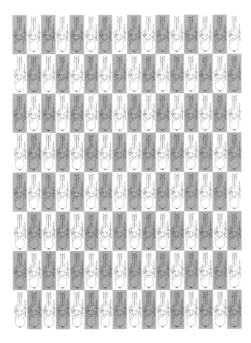

アスクレピオドトゥスの方形隊列。チェッカー模様は幅90cm、長さ270cm。馬の全長は現代の1馬身（約240cm）を当時の馬の体格に合わせて縮小し、210cmとした。ある程度の余裕はあるものの、かなりの密度である。

■楔形隊列（Embolon）

スキタイ人とトラキア人によって発明されたという隊列。三角形の隊列で、先頭は指揮官のイラルケス（Ilarches）。残り二つの頂点にはオウラゴスがつく。

この部隊の長所は指揮統制の簡便さと素早い方向転換にある。指揮官が兵士の視界の中に常にいるので、指示を見逃しにくく、機動中の隊列の乱れを最小限に保つことができる。正面幅が狭いので、障害物を迂回しやすいのも強みだ。

歩兵と同様に、部隊前面の兵士には経験を積んだ精鋭兵を並べていたと思われる。

マケドニア軍の隊列は、最後列15人で構成され、その後13、11と2人ずつ減ってゆく。合計は64騎で、おそらく1個ロコスに相当する。この時、イラルケスの左後方の兵が旗手となるとしている。士官は3人（イラルケスを除く）で、各頂点に一人、最後列の中央にもう一人いるといわれている。

しかし、前述のようにマケドニア騎兵は1個イレ150騎が基本であるので、アエリアヌスが記述しているように64騎の楔形隊列が2個あっても合計128騎で計算が合わない。もう一段増やして81騎とすると、今度は多くなりすぎる。もしも1個イレが丸ごと楔形隊列をとった場合、12段目で143騎となり、150騎に近くなるが、これでは部隊が大きすぎて効果的に戦えない。この問題に取り組んだシヴァンヌは、楔形隊列は当初36騎（最大列11人）で、前330年頃に2列加えて64騎になったと考えている。これなら1個イレ＝4個36騎部隊、144騎となる。

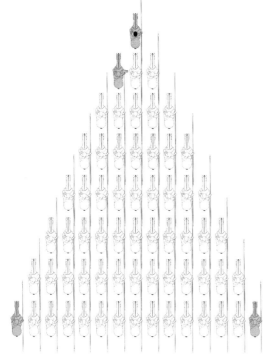

マケドニアの楔形隊列。

楔形（と菱形）隊列の攻撃力の高さは、馬の本能によるところが大きいという。馬が人ごみに踏み込んでいけるかどうかを決定する最も重大な要素は、馬が人の隙間に体を押し込めると思うかどうかであり、自分の頭と首が、人同士の隙間に入っていけば、馬は自分の体を押し込むことができると考え、途中で人にぶつかったり押しのけたりしながらでも、そのまま前進し続けるという。

楔形隊列の場合、最前列の馬が敵の隊列の隙間に割り込み、敵兵を押しのけつつ前進し、後続はその隙間に頭を突っ込むように入り、接触する敵兵をさらに外側へと押しのけて前進していく。この繰り返しで楔形隊列は敵の隊列を文字通り楔のように割っていくのである。馬は群棲動物なので、先頭のリーダーに続こうとする習性がある。よって、先頭の馬1頭さえ勇敢であればいい。また、18、19世紀の証言から、騎兵同士の対決では、たとえ膝と膝を接するほど緊密に隊列を組んでいても、敵と衝突しそうになると無意識の内に間隔を広げてしまい、結果両者すれ違うように互いの間を駆け抜けていくというが、楔形隊列の場合、前列の兵士の陰に隠れて安心しようとする心理が働くため、隊列が逆に緊密になっていく。さらに重心が深いため、正対する兵士からは隊列全体が一塊に見え、威圧感を増す。重装騎兵の攻撃力の7、8割は心理的なものであるといわれるが、この隊列はそれを増幅する働きがあるのだ。

そして、この楔形隊列は単数ではなく、複数で襲いかかる。最も良い例が、ガウガメラの戦いである。マケドニア軍はペルシア軍左翼に開いた穴に騎兵を一気に投入して勝敗を決した。大王直卒の部隊が敵陣に切り込み、次にその部隊が開けた穴に突入して戦果を拡大する部隊、別の個所に突撃して敵隊列の連携を阻害する部隊や、突撃中の部隊に反撃しようとする敵部隊を側面や背面から攻撃する部隊などが入り乱れつつ敵軍を一気に突破したものと思われる。

この隊列をとることで、小部隊の波状攻撃により敵に継続的な圧力を与えたり、自軍を援護しつつ敵軍の統制を破壊したりすることができるのだ。

■菱形隊列（Romboeidis）

テッサリア地方起源とされる隊列。楔形隊列を背中合わせに連結させたもので、方形隊列と楔形隊列の長所を併せ持つといわれる。軍事理論家は最上の隊列とするが、テッサリア騎兵以外が使うことはあまりなかった。四つの頂点それぞれに指揮官がつき、前方はイラルケス、後方にはオウラゴス、左右の頂点には側方士官（Plagiophylakes）がついて部隊を統制する。

最大の長所は機動力で、方向転換が容易なだけでなく、各頂点の指揮官を先頭にするように兵士たちが旋回することで、向きを一瞬で変えることができる。このため、側面や背後を突かれることがないという。

菱形隊列には「縦横両列方向に整列」「縦列方向に整列」「横列方向に整列」「どちらにも整列しない」という4通りの並び方がある。この内「どちらにも整列しない」以外の並び方は、組み方の基準が違うだけで、並び方は変わらない。

「縦横列両列方向に整列」する方法は、まず11騎の縦列を中央に置き、その両脇に2騎ずつ減らしながら9騎、7騎、5騎と列を並べていく方法で、合計61騎。

「どちらにも整列しない」方法では、まず先頭にイラルケスを置く。その後、彼を中心に隊列の外側から順々に、玉ねぎの皮のようにΛ型の列(Zygarch)が並んでいく。第一列はイラルケスを中心にした11騎、次は9騎、7騎という風に、2人ずつ減らしながら最後まで整列すると合計36騎になる。この方法で整列した時の横列同士の間隔は、後列の馬の頭が前列の馬の肩のあたりに来る程度という。これでは前後の馬が重なり合ってしまうように見えるが、実は、この隊列はΛ字型の隊列を積み重ねた変形楔形隊列なのである。前後に長い馬のため、三角形の隊列が菱形になってしまったのだ。

シヴァンヌによると、初期のものはΛ字を積み重ねた「どちらにも整列しない」菱形隊列で、前330年にアレクサンドロスが軍事改革を行った時に「縦列横列両方向に整列する」菱形に変更され、マケドニア軍に採用されたとしている。なお、彼によるとこの隊列は、パルティアやアルメニアの騎馬弓兵の隊列にも採用され、中近東では中世にいたるまで使われたという。

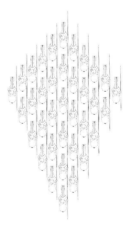

菱形隊列。左は「縦横両列方向に整列」した時、右は「どちらにも整列しない」方法。

3．軽装騎兵の戦術

　当時の戦術の実際は、マケドニア王フィリッポス5世とローマ軍の前衛部隊の小競り合いの描写で詳しく解説されている。マケドニア軍はイリュリアのトラリア族騎兵隊400騎とクレタ弓兵300人。一方750mほど隔てたローマ軍は、ほぼ同数の騎兵2個部隊とウェリテス（軽装歩兵）であった。

　（マケドニア）王の兵士たちは、この戦いがいつもの展開になると考えていた。つまり、騎兵は突撃しつつ投槍を放ち、素早く反転して後方に退くということを繰り返し、その後、（混乱する敵に）突入し、弓兵は友軍の突撃に合わせて矢を放つというものである。しかし、彼らの予想は重装歩兵のように戦うローマ軍部隊の攻撃的な戦法によって覆されてしまうことになる。ウェリテスは投槍を投げつけると剣を抜いて敵に躍り掛かり、騎兵は敵に近接すると馬を止め、あるものは馬上で、あるものは馬を下りて戦ったのだ。マケドニア側の騎兵はこのような停止した状態での戦い方に慣れておらず、歩兵（クレタ弓兵）の方は散開隊列でしかもろくな防具をつけていないために、盾と剣を装備して近接戦にも対応したウェリテスの餌食となってしまったのである（著者訳）。

　当時の軽装騎兵は、少数で入れ代わり立ち代わり接近して投槍（矢）を投げつけては素早く退き、武器の補給や休息をすることが主な戦い方だったことがわかる。記録を総合すると、方形隊列の本隊はある程度離れた位置で停止し、縦列ごとに前進、攻撃をした後は本体の後方を回り込んで定位置に戻るという戦い方をしていたのだろう。これは、歩兵、それも動きの鈍い重装歩兵に有効な戦法であるが、機動力に優れる騎兵を相手取るのには適していない。ローマ騎兵がイリュリア騎兵を補足できたのも、後方の本隊まで一気に突撃する戦法が敵の意表を突いたためだ（同時にウェリテスが密集隊列で戦闘していたことも示唆している）。

　軽装歩兵（弓兵）は騎兵の援護に当たっていたことがこの記述から見て取れ、高度な指揮系統と訓練の存在がうかがえる。さもないと全部隊はバラバラの個人が入り乱れる烏合の衆と化し、前進も後退もできずに敵の反撃の的になってしまうからだ。

4．騎兵の配置

　当時の騎兵は歩兵部隊の両脇に配置されるのが一般的だった。右翼の騎兵を戦いの趨勢を決める決戦部隊として、精鋭兵を集める傾向があるため、多くの戦いでは、両軍の右翼の騎兵隊が左翼を圧倒し合う、いわゆる回転ドア現象が起こった。

第二部　マケドニア

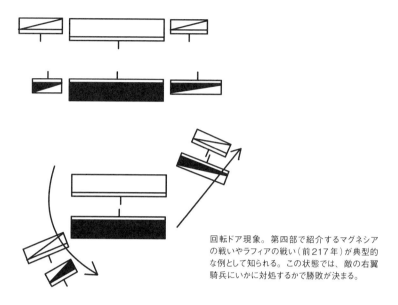

回転ドア現象。第四部で紹介するマグネシアの戦いやラフィアの戦い（前217年）が典型的な例として知られる。この状態では、敵の右翼騎兵にいかに対処するかで勝敗が決まる。

　騎兵のみで戦う場合は、後10世紀の『Sylloge Tacticorum』によると、中央に「カタフラクトイ」やサリッソフォロイの重装騎兵二部隊、その両翼に軽装騎兵を一部隊ずつ配置するとしている。両翼部隊は中央部隊よりも最大12.4〜15m前方に位置し、それぞれの部隊の間隔は最大31.24〜37.48mとしている。最大の特徴は、騎兵の隊列は最大で4段としていることである。つまり、ここでは騎兵は方形隊列をとっていて、楔形や菱形隊列ではない。しかも、これによると中央部隊の前半二列は重装騎兵、後方二列は軽装騎兵という混成部隊であり、古代の著述家の描写するマケドニア騎兵とは合致せず、ビザンツ帝国期の部隊配置を反映しているとされている。

　しかし、大王以前のバクトリア（中国名大夏：現北アフガニスタンに居住していたスキタイ人の一支族）やスキタイでは同様の編成があったらしいこと、また、大王自身、前列に重装歩兵、その後方に軽装歩兵という組み合わせを（歩兵ではあるが）実験していることなどから、彼の治世末期頃に、実験的にこのような配置をしていた可能性がある。

第4章 その他

A 入隊と訓練

　良質な兵士たちを確保するため、兵士とその家族には十分な援助が与えられた。前4世紀からヘレニズム期を総合すると、子息への無償教育・土地の分配・給料（状況により2〜4倍の特別支給あり）・非常超過勤務給（残業代、危険手当）・重要な会戦前の恩賞（給与6か月分以上）・分捕り品・戦役記念貨幣の配給・退役金・負債の帳消し・退役時に植民都市を建設した場合は1年間の免税処置に生活支援金の支払いなどが記録されている。

　マケドニア軍の訓練についての詳細は残っていないが、フィリッポス2世の軍事改革の一つに訓練と規律の確立が挙げられているので、他国と比べても高度な訓練を施されていたのは確実である。ギリシア伝統の運動競技などの他に、木製の武器を使った戦闘訓練も行われた。特に重視されたのは隊列の形成や行軍訓練で、後2世紀のポリアエヌスによると、完全武装状態（武器防具に日用品や食料を担いだ状態）で一日55.5kmを行進する訓練をしていたという。さらに、自分の専用武器以外の武器の使用法も学んでいたようだ。この訓練期間がどれほどであったかは定かではない。大王がペルシア征服時に制定した訓練制度によると、兵士たちの訓練は14歳から4年間とされているが、これは例外的なもので、おそらくローマ軍と同様の6か月間程度だったのだろう。

　騎兵の訓練については、メガロポリスのフィロポイメンがアカイア同盟（前210年頃）の将軍として行った改革についての文章に残っている（以下で紹介するギリシア語名は、前述の戦闘機動の用語とは少々違うが、これは時代と共に言葉の定義が変わったため）。

　まず単騎で左右に回頭（Klisis）することから始まり、その後オウラモス（32騎）による集団訓練に移る。まずは行進訓練で、様々な旋回法（Anastorophe）を学ぶ。

その後、部隊の外側、または中央から1個から2個縦隊ごとに前進し、再び元の位置に戻る襲撃訓練を行った(この訓練は32騎のオウラモス、64騎のイレ、512騎のヒッパルコイ単位で行う)。次は部隊の正面幅を伸長する訓練で、各縦列の間に兵士が入る「挿入倍列(Parembole)」、部隊後ろ半分が部隊の隣に移動する「追加倍列(Paragoge)」の二通りがある。

訓練終了時には、騎兵部隊は各オウラモス間の距離を保ちつつ、列を乱さずに高速で機動できるようになるという。この訓練は、軽装騎兵の訓練メニューであるが、基本は重装騎兵でも変わらないだろう。

医療

マケドニア王国は医療の発展にも力を入れていた。代々の国王は優秀な医師を積極的に招聘し、医学の父といわれるヒポクラテスも元はマケドニア王国の宮廷医師だった。

大王自身も医学に強い関心を持っていたといい、実際に剣を使った気道切開や、毒矢を射られたプトレマイオスの治療を自ら行っている。

東征が進むにつれ、ペルシア人医師やインド人医師が軍に加わり、東西の医術が活発に交流し合っていたことは想像に難くない。特にインドの先進的な医学(切り落とされた鼻の形成手術なども行われていた)はギリシアの医師たちにとっては大きな衝撃であったことであろう。

C 野営地

野営地と言えばローマ軍が有名であるが、その源流がマケドニア軍の野営地だ。フィリッポス2世は、タレントゥムのリュシス(ピタゴラス幾何学)、ミレトゥスのヒッポダムス(グリッド式都市計画法)、クセノフォンの『キュロペディア』(内部レイアウト案)、カブリアス、イピクラテス、エパミノンダス、アエネアスなどの理論書を基に、野営地のレイアウトを考案したと考えられている。

大王もまた、野営地の改革に心を砕いた。東征時の彼の野営地は、単に兵士たちが休息する場所ではなく、帝国全体の情報収集や行政執行などを行う移動首都としての機能が求められたためだ。そのため、彼はペルシアの王室野営制度を取り入れ、迅速で効率的な行政執行を行おうとした。彼の改革はヘレニズム諸国やエピロスのピュロス(の著作)を通して、ローマへと伝わっていくのである。

マケドニア軍の野営地は、正方形を基準にして、地形を最大限利用するように

第4章　その他

作られていた。外周は堀と杭を打ち込んだ防壁で囲み、各辺に1つ門を築く。内部は東西南北に走る2本のメインストリートが走り、その交点に王宮(Basileia)があった。マケドニア軍の野営地跡をそのまま都市にしたといわれるバクトリアのアレクサンドリア・エシャートは全周6kmある通り、野営地の規模はかなりのものであった。ちなみにローマ軍の場合、歩兵約24000人、騎兵約5000騎の野営地は、一辺543mの正方形になると計算されている。

　王宮は行政機能を持つ複数のテントからなり、全長約700mの防壁で囲まれていた。その中央部には国王のテント(Skene)があり、王室騎士フィロクセヌスがその設営・管理を担当していた。この王宮を護衛するのはヒュパスピスタイで、国王のテントそのものは国王付き従者によって護衛されていた。

　兵士たちは2人用のテントに寝泊まりしていたと考えられている。第一部で紹介した、城壁に突撃した2人の兵士の話も、テント内で飲んでいるうちに、どちらが勇敢であるか口論になった結果であるが、この話からもテントは2人用であったことがわかる。現物は発見されていないが、四角形の布(革またはリネン製)を、2本の支柱の間に渡した槍から垂らし、側面を盾や背嚢で塞いだものと考えられ、二人が横になる程度のスペースしかなかった。原始的極まりないが、実際に使用した人の話によると、十分に快適であるという。

二人用テント。ここでは中を見やすいように入り口に物を置いていないが、実際には荷物や盾で塞いでいた。

マケドニア軍の野営地を囲む防壁の再現図。構造は後のローマ軍の野営地の防壁とほぼ同一で、ローマ側が受けた印象の強さを示している。

193

第二部 マケドニア

兵站

マケドニアで初めて組織的な輜重隊を編成したのは、フィリッポス2世といわれている。大王の東征時には、物資の輸送・補給はパルメニオンの管轄下にあり、実務は輜重隊長(Skoidos)により管理されていた。

荷役用の家畜はデカニア(12人)ごとに配分されており、テントや臼、部隊の共用品を運搬していたとされている。各指揮官には専用の荷役係がついていただろう。

1. 荷馬

家畜に荷物を載せる際には、背中に載せるフレームを使っていた。この時に重要なことは、左右の重量をできるだけ均等にすることで、これを怠ると動物の健康を著しく害してしまう。

■ロバ(Kanthelios)

古代世界において最も一般的な荷物運搬用の家畜。軍隊ではラバの方が好まれたが、ロバは入手が容易で低コストだ(19世紀のギリシア、イタリア、スペインで行われた調査では、農民が所有するロバとラバの比率は4対1であり、古代ではさらに開く可能性がある)。古代の資料によると、当時のロバは平均で103kg、最も強いもので175kgもの荷物を運ぶことができたらしい。

■ラバ(Emionos)

雄ロバと雌馬の雑種で、ロバよりも多くの荷物を運べ、馬よりも起伏に強く、低品質な飼料で大丈夫な万能労役馬として使用された。最大135kgほどまで積載でき、時速7〜8kmで10〜12時間もの間歩き続けることができる。一日の推定移動距離は40〜80kmだが、19世紀のアメリカ軍には一日130

荷を運ぶラバ。当時、荷物はこのようなフレームを使って運ばれた。

〜165kmも移動したという記録もある。これらを総合し、一般的なラバは135kgの荷物を背負った状態で、平地なら一日50km、山地では20km程度移動できるだろう。
　唯一の欠点は、7日に1回休みを置いて、背中を休ませる必要があるということだ。

■ラクダ（Kamelos）

　記録によると古代のラクダは平均して175kgの荷物を積載することができたというが、188〜269kgも可能という研究者もいる。砂漠地帯や荒れ地などの過酷な環境に耐えられる一方、ラバよりも扱いづらく、山岳地帯には不向きである。
　ギリシアとは無縁に見える動物だが、アリストテレスがラクダの生態に関して詳しいレポートを残しており、大王自身もラクダの特性について熟知していたようだ。

■人夫

　最も古くから使われた運搬手段。自分で荷物の積み上げ下ろしができ、道なき道も移動できる踏破能力を持ち、他の動物と違い馬丁がいらない。逆に逃亡や反乱の危険が他の動物よりもはるかに高く、積載量が低い。
　一般的な人夫は20〜45kgの荷物を一日16kmほど運搬できると考えられている。

人夫。

■荷車（Karron）

　牡牛は荷車の牽引にのみ使われた。低品質の餌でも大丈夫だが、最大でも時速3kmでしか移動できず、一日に最大5時間までしか活動できない上に3日に1日休憩をする必要があり、さらに蹄の構造が岩場での歩行に向いていないという欠点がある（ただし、西部開拓時代の牛車は一日19〜24kmの距離を移動したといわれている）。一方、ラバが牽引する荷車は、一日30kmと牛車よりもはるかに長距離を移動できる。踏破能力が極めて低く、大型の荷車ほど、通行できる道路が限られてしまう。
　積載重量は二輪の荷車で300〜550kg、四輪の大型荷車だと700kgに達することもあると考えられている。

第二部 マケドニア

1頭立てのラバ車。ここでは人（おそらく新郎）を運んでいるが、物資の運搬にも使われた。

ラバ車。結婚式か祝祭へ向かう人物を乗せているが、車の形状的に本来は荷車かもしれない。当時の荷車は、特徴的な「キ」の字型スポークの車輪がついていた。

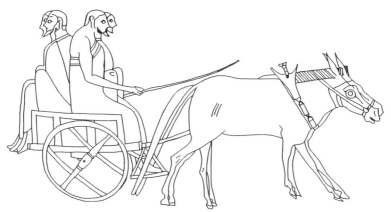

2頭立てロバ車。結婚式の祭列を描写した壺絵で、特徴的な車輪やロバのハーネスの詳細、御者用のフットステップが描写されている。メトロポリタン美術館蔵、前550～530年。

第 4 章 その他

ラバ車。かなり大型の壺を積載している。
御者の両脇にも壺が置かれていることから、相当に幅が広いのかもしれない。
これらのラバ（ロバ）車の車体全長が短いのは、車軸部分でバランスをとる必要があるため
（後部を伸ばすと、荷物を置いた時に、軛を含む前部が浮き上がってしまう）。

ローマの四輪荷車。時代は違うが、構造的に
はギリシアのものも違いはなかったであろう。

2. 食料・飼料

　兵士たちは主食0.8〜1kg/日を消費したという。副食はローマ軍と同じ（推定250g/日）とすると、兵士一人で31.5〜37.5kgの食料を一月で消費することになる。

　カロリーベースで計算すると、1日7時間の行軍後に野営地を設営（または山岳地帯を7時間行軍）したときの推定消費カロリーは5000kcalほどで、1日の食事は最低でも穀物2kg、副食0.25kg、1月分計67.5kgが必要となる。

　フィリッポスは、兵士たちは30日分の食料を自分で運ぶ訓練をしたとあるが、それだと低く見積もっても装備を含めて50kgを超える重量を運ぶことになってしまう。こ

れほどの重量は人体の限界に近い値であり、この記述の真偽は疑わしい。実際に兵士たちが運ぶのは10日分、12.5〜22.5kg程度が妥当だろう。

　動物用飼料の計算はさらに複雑になる。一般的に馬は1日に10kg食べる。他の時代を基に穀物配給量を計算すると1日5〜7kg程度が必要で、残りは野営地付近で放牧することによって補った(穀物のみを食べ続けると蹄に障害が発生するので、それを防ぐ目的もある)。馬が野草を食べる速度は1kg/hなので、1日5〜3時間放牧する必要がある。この放牧期間は、軍が最も敵襲に弱い時間であり、また行軍に割ける時間を圧迫する要因となる(夜に放牧させるわけにはいかない)。軍があえて多量の穀物を運ぶのは、この時間を切り詰める必要があったためであろう。

　ヘレニズム諸国のように戦象を導入した軍隊の食料問題は一気に悪化する。象は150〜170kg/日の食物を消費するため、例えばマグネシアの戦いに投入された50頭の戦象を維持するのに必要な飼料は7.5〜8.5t/日。運搬にラバ60数頭が必要になる。一頭当たり30〜34kg/日という膨大な排泄物は、肥料として販売されたという。

　しかし、最も重大な問題は水である。新鮮な水の供給は、兵士や軍馬の健康にも影響する。1日の最低必要量は人間で3〜5L、馬は19〜39L、戦象は68.4〜99Lであるが、このほかにも料理や洗濯・風呂などに水が必要だ。軍が大きくなればなるほど必要な水を供給できる水量を持つ水源の数は限られる。結果、大軍勢は河沿いか、河から河を渡り歩くように移動せざるを得なくなるのだ。

3. 物資

　軍が必要とする物資は食料だけではない。雨具やテント、寝具、食器や衛生品などの日常品の他に、穀物を粉にするための碾臼(Cheiromule)、調理器具、装備品を手入れするための道具や娯楽品(賭け事に使うサイコロやゲーム盤など)、調理や暖房用の薪も必要だ。軍全体では装備品のスペアや修理用具、原材料(材木、金属、布など)、各種のロープや鎖、医療器具、鍛冶に使う携帯窯や替えの馬、軍資金として貴金属や貨幣、筆記具(パピルスは高級品で、たいていは木の板を使用していた)、照明器具、大量の油、医療品、戦利品などの膨大な物資を持ち運ぶ必要がある。

　さらに軍隊には兵士だけがいるのではない。Bematistai(測量士・地図学者・トポグラファー・地理学者などを指す)、伝令(Hemerodromos)、書記などの事務員や神官・医師・獣医・鍛冶師・仕立屋・革細工職人・商人・娼婦・芸人・奴隷など、無数の人間が兵士につき従った。さらに遠征が長期間にわたると、兵士たちは現

第4章 その他

地妻をとり始め、彼女たちやその子供たちが加わる。ただし、軍隊に必要な職人以外は基本的に軍隊の庇護を受けられず、事故や災害、疫病により多数の死者を出した。

4．マケドニア軍の物資必要量の試算

以上のことを基にマケドニア軍の必要物資を計算すると、以下のようになる。

ペルシア遠征直後のマケドニア軍は、歩兵32000人、騎兵4500騎とされている。つまり、人員36500人、馬4500頭が純粋な戦闘人員で、これに替えの馬がプラスされる。替え馬の比率は不明だが、かなり少ないが軍馬の5分の1、900頭を替え馬とする(将軍アミュンタスは自分の替え馬10頭の内、8頭が馬を持たない騎兵のために摂取されたと嘆いているので、替え馬は常に不足気味であったようだ)と、戦闘員の合計は人員36500人、馬5400頭となる。

兵士一人分の食料は、小アジアの荒涼とした山岳地帯を進むため、より多くのカロリーを消費することを考慮し、穀物2kg/日、副食0.25kg/日とする。軍馬は、最良のコンディションを保つために7kg/日の飼料を用意し、残りは放牧で賄う。これを合計すると、兵士たちは穀物73t、副食9.125tを、軍馬は飼料37tを1日で消費する。兵士や軍馬の食料を20日分を用意する(兵士たちは10日分を運ぶ)と、兵士1642.5t、軍馬740tの合計2382.5tの物資を調達・運搬する必要がある。

これを運搬する動物であるが、基準としてラバを使って計算する。ラバは最大135kgしか積載できないが、運搬用のラバの飼料を30日分用意すると、7kg/日で210kg、5kg/日でも150kgとラバの運搬能力を超え、遠征が破たんする。ラバの飼料を減らして5kg/日、15日分を運搬すると仮定すると、ラバは自分の食料用に75kg、残り60kgのペイロードを物資運搬に使うことができる。また、ラバは人語を理解できないので、馬丁が必要になる。ラバ2頭につき馬丁1人と仮定し、馬丁一人の食料を1.25kg/日として20日分を支給すると、25kgをラバ2頭が負担しなければならない。つまり、最終的な計算ではラバ一頭の運搬能力は47.5kgとなる。

以上を踏まえると、アレクサンドロスの軍隊に食料を供給するのに必要なラバは50158頭、馬丁25079人となり、戦闘員と同規模の集団が出現する。

これにその他の物資を運搬するラバを加える。残念ながら食料以外の物資などに関する資料はない。支柱、ロープなどを入れた兵士用テントの重量を1張約20kgと仮定(二人用革製テントの再現品は、調度品込みで1張29kg)すると、ラバ1頭で2.5張を運べる。が、馬丁自身のテントを考慮に入れと、ラバ1頭当たりテント2.25張を運ぶ計算になり、人員36500人分のテントを運搬するのに16223頭のラバと8112人の馬丁が必要になる。テント以外の備品については、単純計算でテント運搬用のラバを1.5倍にした値(この数字はかなり低く設定されており、実際に

はこの倍以上の数であってもおかしくない。例えば、雑用奴隷を兵士12人に1人の割合で配分するだけで3000人になり、その分の物資が必要になる)を採用する。

　以上を合計すると、ペルシア侵攻直後のマケドニア軍は、戦闘要員36500人、軍馬5400頭、ラバ90716頭、馬丁45358人プラス補助員(事務官、職人、医師など)で構成されていることになる。なお、この数には水やワインなどは含まれていない。羊やヤギなどを連れて副食運搬用のラバを節約したり、街道を利用して荷車を使えば、ラバの数は大幅に減少できる(ラバと馬丁の食料112.5kgを引いても187.5〜587.5kgの積載が可能で、荷車1台につきラバ4〜12.3頭の節約になる)。ラクダを使った場合では、ラクダ1頭につき40kg以上の追加ペイロードが期待できるうえ、食料や水を大幅に節約できるだろう。

第三部
ヘレニズム王国

第三部　ヘレニズム王国

導入

　ヘレニズム王国とは、アレクサンドロス大王死後の世界の覇権を争った大王旗下の将軍たちが建国した王国を指す。

　多様な文化的・歴史的背景を持つ地域を支配しながらも、彼らはギリシア（マケドニア）文明に固執し続けた。各種の改革や実験を繰り返した大王と違い、後継者諸王国は大王の導き出した勝利の方程式をかたくなに維持し続けた（これは「実績と伝統」の他に、大王の後継者」を演出するためでもあったらしい）ため、各国の軍隊は戦術的にも武装的にもマケドニア式であり、地域差はほとんど見られない。

　その保守性に変化が生じ始めるのは、ローマの台頭であった。ローマの軍制は前3世紀初め頃から各国の興味を引いていたが、三次に渡るポエニ戦争やそれに引き続く一連の戦争前後の前160年頃に、ローマの軍制度を本格的に取り入れようする。記録に残る限り、少なくともセレウコス朝シリア、プトレマイオス朝エジプト、ポントス王国、アルメニア王国でローマ式軍制を実験している。小アジア中央部のガラティア王国は、それまでの軍制を廃止し、完全コピーのローマ軍団を3個編成した（後に1個軍団に再編成された）。後に王国がローマに吸収されるときに、この軍団もローマ軍に編入され、第22軍団「デイオタリアナ」となることになる。

第1章 兵種

ヘレニズム王国の軍隊はマケドニア軍のものとほとんど変わらない。ここで紹介する兵種は、大王の死後新たに導入されたものを主に扱う。

ファランギタイ（Phalangitai）

ヘレニズム期のファランギタイは、盾の装飾によって黄金盾隊（Crysaspides）、青銅盾隊（Chalkaspides）、銀盾隊（Argyraspides）、白盾隊（Leukaspides）などの名前が付けられていた。銀盾隊は伝統にのっとって、選抜された兵士たちで構成されたエリート部隊であるが、その他の部隊は通常の歩兵である。彼らの華美な装飾は、大王の後継者としてのアピールの一つで、兵士に華美な装備を与える大王の癖を真似したものといわれている。また、華美な装備は、着用者に自信を与え、相手を威圧する。さらに、これらの装備を下賜する国王との絆を強めると同時に、部隊のアイデンティティの確立につながるのだ。

彼らのサリッサは、大王の時代よりもはるかに長くなっており、機動力や攻撃力を犠牲にして防御力を高め、攻撃部隊である騎兵の援護をする役割に特化することになる。

盾の青銅覆いの打ち出し型。メドゥーサの周囲には反時計回りに「PTOLEMAIOU（プトレマイオスのもの）」と刻まれている。直径70cm、厚さ10cm、エジプト、メンフィス、前325～275年。

第三部　ヘレニズム王国

盾の青銅覆い。マケドニア王室を表す太陽紋と、王家所属を示す文字（ここでは「デメトリウス王のものBASILEOS DEMETRIOU」と再現）が打ち出されている。盾の紋章はマケドニアやイリュリア、同時代のプトレマイオスの盾（前ページ）と同じ。これは、自分こそがアレクサンドロスの正統後継者であるというプロパガンダであろう。クレタ、ディーア島出土。

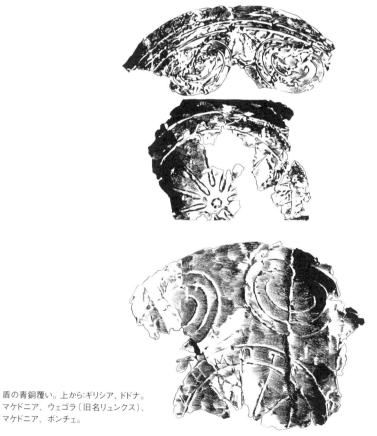

盾の青銅覆い。上から：ギリシア、ドドナ。マケドニア、ウェゴラ（旧名リュンクス）、マケドニア、ボンチェ。

第 1 章 兵種

盾覆い。太陽(星)の周りにはBASILEUS PHARNAKOI「ファルナケス王のもの」と描かれており、ポントス王ファルナケス1世(在位前185～170年)のものであるとされている。盾の周囲のギザギザは、本体に固定するための爪で、折り返して使用した。

ヘレニズム期のファランギタイの墓碑。サリッサとピロス、盾の文様がはっきりと見える。

リュソンとカリクレスの墓に描かれた盾。3つの点(星)を円が取り囲み、それらの間に雷霆が描かれている。マケドニア、レフカディア、前250年頃。

205

ツレオフォロイ（Thureophoroi）

　前4世紀頃からドナウ川を越えて南下してきたケルト人傭兵（またはその装備を模した兵士）で、前279年のギリシア侵攻以降各国に採用されることになった。最大の特徴は、名称の元になったツレオス（Thureos:ドアステップ、沓脱石）という、上下に細長い楕円形の盾（小型で四角形の盾もある）である。平らな平面式で、木製（もしくは枝編み細工）の本体に革を張り、中央部に木製の峰を通して補強したものだ。バクトリア地方出土の盾飾りから推測して縦130cm、幅64cmほど（『Sylloge Tacticorum』によると62.4〜78cm）で、体を完全にカバーできず、弓矢による攻撃に弱いという記録が残っている。この他にブーツ、兜、剣（ギリシアやマケドニア由来のものの他、ケルト由来の長剣も含む）、槍、各種の鎧と投槍を装備し、ローマ軍のようなやや散開した状態での個人戦を得意とする兵種であることが見て取れる。

　小アジア北西岸に位置したビチュニア王国では、富裕層や貴族たちは、若年時にツレオフォロイとして軍に参加し、その後ファランギタイや騎兵へと昇進したと考えられている。

　ツレオスを装備した騎兵もツレオフォロイと呼ばれた。

ビチュニア兵の墓碑。右のツレオフォロイは、明らかに少年として描かれている。アレクサンドリア、前2世紀。

戦神（英雄神）を象ったテラコッタ牌。人物は翼を持つ雷電が描かれたツレオスとシポスを持ち、おそらく筋肉型鎧と思われる鎧を着込む。鎧の裾からは、マケドニア式に二重になったプテルグスが鮮明に見える。兜はアスカロンの兜と同型。バクトリア、前2世紀。

第 1 章 兵種

プトレマイオス朝のツレオフォロス、バルボウスのディオスコウリデスの墓碑。アスカロン型の兜と白いツレオス、赤い服を着る。武器は三角形の刃を持つやや短めの剣で、おそらく投槍を投げた後、抜剣して敵に対峙する姿を描いたもの。前2世紀。

エロテスの墓から出土したテラコッタ製の盾のミニチュア。紡錘形のツレオスには、雷霆をバックにしたメドゥーサの意匠が描かれている。同じ墳墓からは、アスピスのミニチュアも発見されており、こちらは太陽を背景にしたメドゥーサなどが描かれている。グレーの部分は元々赤く塗られていた。ギリシア、前3世紀。

最も初期のツレオスの例。イリュリア、前5世紀。

第三部　ヘレニズム王国

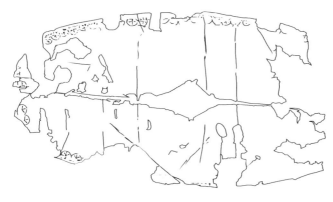

バクトリア出土のツレオスの表張り。中央を走る木製のボス（手を守ったりするパーツ）部分を切り取り、縁にはギリシア風のアカンサス模様が彫り込まれている。

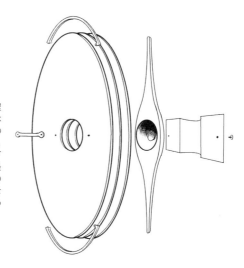

ツレオスの構造図。厚さ1〜2mm程度の木版を貼り合せて強度を高めた本体に、補強も兼ねた木製のボス、その上に手を守る金属製のボスを固定する。グリップは水平に取り付けた。盾の上下は、地面と接触したり、敵の攻撃を最も受けたりしやすい場所なので、金属のフレームで強化している。湾曲していない点を除けば、当時のローマ軍で使われたスクトゥムと同じデザインである。

■ケルト人傭兵

　前367年に、シラクサの僭主デュオニソスがテーベと戦争中のマケドニアに支援としてケルト人傭兵部隊を送ったものがケルト人傭兵に関する最初の記述である。

　ヘレニズム諸国中、最初にケルト人傭兵を雇ったのはアンティゴノス２世ゴナトゥス（アンティゴノス朝マケドニア）だ。初期のケルト人傭兵の雇用は、兵士だけではなく女子供も含めた部族全体を雇いあげる形態で、個々の兵士が傭兵として契約するのではなく、金銭報酬による一時的な軍役同盟関係の締結という性格が強かったようだ。一方、アンティゴノス２世のライバルであるエピロス王ピュロスにもケルト人部隊が合流しているが、こちらは傭兵ではなく（ピュロスは金欠でその余裕はなかった）、略奪品目的で自主的に参加した戦士たちである。

第 1 章 兵種

　後にアンティゴノスとピュロス軍が激突した時に、アンティゴノス軍はケルト人部隊が敗走すると恐慌状態に陥り、瞬く間に壊走した。ピュロスはこの戦いのときにマケドニア軍に勝ったことよりもケルト人を撃破したことを大きく取り上げており、当時のケルト人の重要性が見て取れる。

　ケルト人の居住地域から離れたところにあるプトレマイオス朝エジプトでも、前277年に愛妹王プトレマイオス2世フィラデルフォスが4000人のケルト人傭兵を雇っている（なお、彼らは、彼の義弟であったマケドニア王、雷霆王プトレマイオス・ケラウノスの軍を壊滅させて王を神への生贄にした部族である）。

　さらに彼らはメソポタミアでも活躍している。前221年に大王アンティオコス3世（セレウコス朝シリア）と、ペルシアとバビロニア反乱軍の鎮圧に向かった時には、両軍ともに数千人のケルト人傭兵を擁していた。アンティオコスの前任者たちの多くはケルト人傭兵の手によって殺されたにもかかわらず、彼がこれほどの規模のケルト人傭兵を擁していたということからも、ケルト人傭兵の重要性が見て取れる。

　また、ユダヤ王ヘロデのケルト人傭兵親衛隊は、有名な女王クレオパトラ（7世）の元傭兵だったという。

　戦闘能力に定評のあったケルト人傭兵だが、彼らの忠誠心の無さもまた有名であった。わずかでも待遇が悪かったり、またはより大きな利益が得られると判断した場合には、簡単に寝返ったり、反乱・略奪を起こしてしまうのだ。

　前述のアンティゴノス2世や、プトレマイオス2世もケルト人傭兵の反乱を経験している。ピュロスも、マケドニアの旧都アエガエ（ヴェルギナ）の防衛を彼らに任せたところ、歴代国王の墓を略奪された。セレウコス朝の覇権を狙ったアンティオコス・ヒエラックスの場合はさらに悲惨で、ライバルである美勝王セレウコス2世カリニコスを打ち破るものの、勝利の瞬間に「王（雇い主）がいなくなれば、この国から略奪し放題できる」と考えたケルト人傭兵団の反乱に会い、巨額の資金で傭兵を買収する羽目になっている。さらに、彼の義父ビチュニ

ケルト人傭兵。前3世紀・エジプト。

第三部　ヘレニズム王国

ア王ジアエラスと甥セレウコス3世ケラウノス（アンティゴノス3世大王の前任者）は共にケルト人傭兵の手にかかって命を落としている。

ケルトの二頭立て戦車。盾を持った兵士が一人見えるが、実際には二人乗りだった。前3世紀。

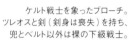

ケルト戦士を象ったブローチ。ツレオスと剣（剣身は喪失）を持ち、兜とベルト以外は裸の下級戦士。

ケルト人戦士の像。ツレオスを持ってはいるが、筋肉型鎧やプテルグスなど、ヘレニズム文明の影響を受けている。ギリシア、前130年。

有名なケルトの青銅製兜。鴉を象ったクレストを持つ（全長33cm、幅23cm）。3つの鋲を三角に並べて頬当てを取り付けるのは、東部ケルト人兜最大の特徴である。ルーマニア、チュメシュティ出土、前4世紀。

第 1 章　兵種

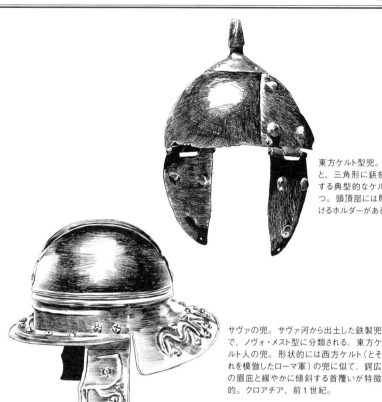

東方ケルト型兜。三角形の頬当てと、三角形に鋲を打ち込んで固定する典型的なケルト式の構造を持つ。頭頂部には馬毛の房飾りを付けるホルダーがある。

サヴァの兜。サヴァ河から出土した鉄製兜で、ノヴォ・メスト型に分類される、東方ケルト人の兜。形状的には西方ケルト（とそれを模倣したローマ軍）の兜に似て、鍔広の眉庇と緩やかに傾斜する首覆いが特徴的。クロアチア、前1世紀。

ペルガモン神殿のガラティア人に対する戦勝記念のパネル。前景には狼の描かれたドーム状の盾、その背後にはツレオスが2枚ある。ツレオスの文様は縞状で、ガラティア人の好んだデザインと言われる。メイルのデザインは、イタリアやフランスなどとも共通する。背景の牛は、戦闘時に吹き鳴らすホルンで、フランスやイタリアでは猪型がよく使われた。前2世紀。

211

ロンコフォロイ（Lonchophoroi）

投槍（Lonche）を使う騎兵で、中近東を支配したペイトン（前355〜314年）が創設した。

セレウコス朝では、ロンコフォロイはロンケ（Lonche）と呼ばれる槍を装備した騎兵を指す。このロンケは同名の投槍ではなく、後10世紀のメナウリオン（Menaulion）と同じものであると考えられている。メナウリオンはキュストンとほぼ同サイズの全長3〜3.7mほどの槍で、投擲にも使われたらしい。

トラキタイ（Thorakitai）

鎧を着こんだ騎兵。当時の騎兵は、リノソラクスを好んで使い、筋肉型鎧は主に歩兵が使っていたようだ。前述のデメトリウス・ポリオルケテスの鎧は、リノソラクスを模した鉄製鎧と思われる。この他、東方からの影響で腕鎧や足鎧を着ける騎兵もいた。

戦象

象の歴史は古く、前24世紀にはすでにインドで家畜化されていたらしい。戦象がヨーロッパの戦場に登場したのは前331年のガウガメラの戦いで、ペルシア軍が15頭の戦象を投入している。しかし、戦象部隊との初交戦は前326年のヒュダスペス河の戦いとなる。この戦いでは、マケドニア軍側も捕獲やインド諸国からの寄贈により、敵とほぼ同数の130頭以上の戦象部隊を有していた。

戦象が本格的に戦場に投入されるのは、大王の死後である。前317年の現イランで行われたパラエタケネの戦いは、戦象部隊同士が激突したヨーロッパ史上初の戦いであるが、一方は125頭、もう一方は65頭と相当数の戦象が投入されており、戦象に対する指揮官の期待の大きさが見て取れる。

当時戦象として使用されていた象はアフリカ象とインド象の二種類で、古代の著述家によるとインド象の方がより大きくて強いと記している。しかも、アフリカゾウはインド象を恐れる傾向があり、いくつかの会戦でアフリカ象部隊がインド象部隊から逃げ出している。なお、ここでいうアフリカ象とは、現在マルミミゾウと呼ばれるアフリカの森林地帯に生息する象で、サヴァンナのアフリカ象とは違う。マルミミゾウは体高2〜2.5m、体重2〜4.5t、インド象は体高2〜3.5m、体重2〜5t、アフリカ象

は体高3〜4m、体重4〜7tである。

戦象になるには特別な訓練が必要であった。インドなどに残る訓練マニュアルによると、柵やロープ、穴などを乗り越える訓練や回頭、ジグザグ走行などに加え、人形を使った敵兵の殺傷や他の戦象との戦闘、城塞への攻撃訓練が行われていた。さらに、杭に固定された象を剣や槍、斧などで切りつけたり、ドラムや太鼓を鳴らしたり、目の前で動物を殺して、騒音や苦痛、血の匂いに慣れさせたという。

訓練と普段の世話は、操縦者である象使いが担当する。象使いと象は特別な絆で結ばれており、象使いを身を挺して守るほか、誤って象使いを殺してしまった戦象はそのまま食事をとらずに餓死することさえある。また、象使いが殺された時にはパニックに陥ることもあった。当時は本場インドの象使いが最も優れているとされ、「インド人」という単語がそのまま象使いを意味するほどであった。

戦象はその巨体が与える恐怖と他を圧倒する筋力で敵の隊列を引き裂き、統制を乱すことに使われた。背中に弓兵などを乗せて高所から敵の無防備な頭上めがけて攻撃して、味方の兵士を援護したり、敵が容易に近づけないエリアを作り出して陣形のアンカーのような役割を果たすことも行われた。生きる攻城兵器としても活躍し、インドでの使用実績を見ると、鼻で胸壁を破壊し、頭突きで門や城壁を粉砕したらしい。

一方でデメリットも大きい。痛みや騒音、象使いの死亡やリーダー象の死亡などで比較的簡単にパニックを起こしてしまい、手が付けられなくなる。パニック状態の象をすぐに殺せるよう、急所に打ち込むスパイクと木槌を携帯する象使いもいた。また、どういうわけか豚の悲鳴に弱い。前275年のマルウェントゥムの戦いでは、壊走し野営地に立てこもったローマ軍が、油を塗り付けた豚に火を放ち、敵の戦象めがけて放つことで敵を撃退した（傷ついた小象の悲鳴を聞きつけた母象が、味方の戦列を一直線に横切って小象の救援に向かったため、軍が敗退したという説もある。どちらも考古学的な間接的証拠があるため、どれが真実かは不明）。後

テラコッタ製の戦象。セレウコス朝の重装戦象と思われ、小札式の前掛けらしき胸鎧と、鎖で固定された塔と吊るされた盾が見える。ナポリ、国立考古学博物館蔵。

554年のエデッサ攻囲戦では、城壁に迫る戦象部隊の鼻先に縄で吊るした豚をぶら下げて撃退したという。

訓練中の事故を防ぐために牙の先を切り落とすことが多いが、その場合、戦闘時には金属製のスパイクや剣を取り付けた。鼻も強力な武器で、500kgまでのものを持ち上げることができ、騎兵を馬ごと持ち上げて地面に叩き付けることさえあったという。さらに時速16kmまで加速できるうえに、起伏の激しい地形をものともしない。

象の背中には、兵士たちを効率よく運用するために2～4人乗りの塔（Thorakia）が搭載された。意外にも、この塔は本場インドではなくヨーロッパ起源で、おそらくセレウコス朝で発明された。木製か、枝編み細工の本体に布か革を縫い付けたもので、搭乗員の胸程度の高さの防壁があった（腰程度の高さのものもあったらしい）。塔らしさを演出するための塗装が施され、側面に盾を吊り下げて防護の足しにした。塔を載せる時のクッション代わりに、分厚い布がかけられ、胴体を防護した。当時最も重装備のセレウコス朝の戦象は、額当て、筒状の脚鎧、鼻鎧や胸当てまで装備していたらしい。この足鎧は金属か革製の板を輪にしたものを連結させたもので、ペルシアやスキタイ、サカ（サカイ：スキタイの一支族）族などが伝統的に使っている腕鎧を発展させたものとされている。

兵士の武器は弓や投槍が一般的だが、周囲の敵や敵戦象兵への攻撃のためにサリッサ兵を配備することもあった。象使いは防具を付けないとされているが、最も重要な兵員を無防備な状態で晒す理由がないため、ある程度の防具は身に着けていたのではなかろうか。

しかし、象は運用上の欠点が非常に多い。飼育下での繁殖がほぼ不可能なため、象の生息地と離れた地域ではそもそも運用すらできない。さらに大量の食糧を必要とするため、軍の供給力に多大な負担をかけてしまうのだ。

軍事理論家によると、戦象は複数の兵士が搭乗するため、1頭でも指揮官（ゾアルコス：Zoarchos）が存在する。それ以上の組織はテラルキア（Therarchia：2頭）→エピテラルキア（Epitherarchia：4頭）→イレ（Ile：8頭）→エレファンタルキア（Elephantarchia：16頭）→ケラス（32頭）→ファランクス（64頭）となる。

古代の軍事理論家たちの著作には、戦象（と戦車）についての記述は非常に短く、たいていの場合は「取りこぼしの無いように」という枕詞がつく上、具体的な運用方法や隊列などについては語られない。これは、本の執筆時（前130～後130年頃）には、戦象（と戦車）はすでに過去の遺物となっていたためだ。

第 1 章　兵種

子連れの戦象。象使いは専用のフックを持ち、塔の兵士は羽飾り付きのクレストがついた兜と投槍らしきものを持つ。国立エトルリア博物館蔵。

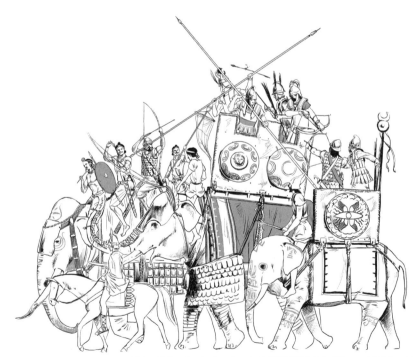

戦象の比較。左から：ナンダ・マウリヤ朝装甲戦象（インド前4～1世紀）、セレウコス朝重装戦象（前3～2世紀）、カルタゴ共和国戦象（アフリカ前3～2世紀）。手前には比較として騎兵を置いた。アフリカ象の体格の小ささが目に付き、多くの資料でアフリカ象はアジア象を怖がるといわれるのも納得できる。また、背中の塔の有効性も見て取れる。

第三部　ヘレニズム王国

F 装備

　この時代の兵士たちの装備は、大王期のマケドニアとほとんど変わらない。しかし、より派手で豪華なものが作られるようになった。鉄製の防具も多く見られ、更なる防御力の探究が行われていたようだ。

ボイオティア式。前2〜3世紀。

ヘレニズム期のピロス。中央にタテガミまたは波、炎を象ったクレストを持つ。両脇には角を象ったクレストの土台が見える。正面の顔はゴルゴンで、魔除けとして頻繁にみられるモチーフである。前4、3世紀。

アスカロンの兜。1956年頃にイスラエルのアスカロン近郊の湖から発見された。トサカの無いトラキア式兜風の形状。ツレオフォロイがこのタイプの兜を被っている壁画がある。ハイファ海洋博物館蔵。

第 1 章　兵種

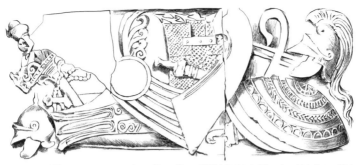

ペルガモンのアテネ神殿のレリーフ。セレウコス朝との戦いの勝利を記念した（第四章で紹介するマグネシアの戦いなど）と思われるパネル。左には前景にアスカロンの兜と同式の兜、その背後には戦艦の軍旗らしきものが見える。兜の右隣は戦艦の破片で、衝角（ポセイドンの三叉槍を象っている）、艦尾（パネル中央）が見える。艦尾の上にはケルト人傭兵の着ていたメイルと剣、槍がある。槍の穂先には、二重の返しがついている。右側はファランギトイの装備が彫り込まれている。前 2 世紀。

ペルガモンのアテナ神殿のレリーフ。左には六角形のツレオスの一部と筋肉型鎧が見える。首を守る立挙げと、両腕、下半身を守るプテルグスは鎧下の一部。兜はボエオティア式。右の破片もやはり筋肉型鎧の一部で、おそらくリネン製の肩当を留めている紐がはっきりと見える。

ヘレニズム期のフリュギア・ハルキス複合式兜。この時期、特にイタリア半島では非常にこった装飾が施された兜が多く制作された。これもその一つで、翼の裏側のコイルは、羽飾りを固定するためのもの。おそらくコルクなどに挿した羽を押し込んだのだろう。前 4 世紀。

217

第三部　ヘレニズム王国

トラキア式兜。トサカ部分はかなり縮小されて機能的になっている。おそらく所有者によって「モノウニオス王のもの（BASILEUS MONOYNIOY）」という文章が刻まれている。

ピロス。非常に豪華な装飾が施されている。波と一体化した牡牛の角と、その下の耳から、海と地震の神ポセイドンの加護を期待しているのだろう。正面のメデューサは、月桂冠か蛇を取り付ける穴が開いている。側面の車輪は太陽の象徴で、マケドニア王国の紋章の一つだとされている。前4～3世紀。

フリュギア・ハルキス混合型兜。おそらくイタリア産で、翼を象った装飾と鋸刃のようなクレストが目を引くが、後頭部に打ち出されたアカンサス紋が特徴的である。頬当てには英雄（アキレス、またはアイネイアス？）の装飾が施されている。前4世紀。

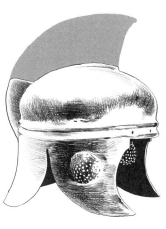

偽イリュリア式。特殊な兜で、頬当てに耳を守るメッシュと兜と一体化したクレストを持つ。一方で鼻当てはない。装飾を固定する穴が額に開いている。前3～2世紀。

第 1 章 兵種

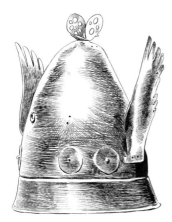

ピロス。翼の装飾と、太陽か星を象った円盤で飾られている。額には装飾を固定するための穴があり、頭頂部にはクレストを挟み込んで固定する土台がある。土台の円盤は太陽を表す車輪であろう。前4〜3世紀。

ピロス。バネのようなS字のクレスト台が特徴的。側面には羽を差し込むコイルと、太陽を表す車輪がついている。前4〜3世紀。

リュソンとカリクレスの墓蹟。左のトラキア式兜は赤い本体にオレンジのクレストと頬当て、黒い眉庇を持つ。右の兜は、黄色い本体に赤と黒のストライプ、眉庇と頬当ては白。房飾りは、中央が赤、側面が白。レフカディア、前250年頃。

■メイル

メイル(俗にチェインメイルと呼ばれる鎧)は、この時代に導入された。ケルト人が発明したとされ、金属製の輪を連結して編み上げた鎧である。発掘品の状況を見ると、東地中海最古のメイルは前3世紀のバルカン半島北部、現ルーマニア、ブルガリアに集中しており、バルカン半島からギリシア、小アジアへと侵入したケルト人部族の多くはメイルを装備していたと思われる。

しかし、どういうわけか後継者諸国はメイルの導入に積極的ではなかった。セレウコス朝軍の「ローマ軍団」部隊がメイルを装備した可能性のある唯一の部隊である。

サルマスの墓碑。ローマの装備を取り入れた時代の兵士と言われる。イタリア型のボエオティア式兜を被り、白いツレオスと槍(投槍?)を持つ。赤い服の上には袖なしのメイルがはっきりと描かれている。シドン、エジプト、前2世紀)

第2章 各国の部隊

　ヘレニズム諸国と一括りされるが、実際には無数の王国が建国されては滅んでいった。その中には、ポントス王国のように非マケドニア人の国もある。本章は、ヘレニズム諸国最強の三大王国（アンティゴノス朝マケドニア、セレウコス朝シリア、プトレマイオス朝エジプト）の軍に焦点を当てて解説する。

アンティゴノス朝マケドニア（前306～168年）

　大王旗下の将軍、隻眼王アンティゴノス・モノフタルムスによって創始された王朝。大王の死後はマケドニア軍総司令官としてヘレニズム諸国中最強となるが、諸王の連合軍の攻撃を受け国王が戦死、以降王国は分裂する。攻城王デメトリオス・ポリオルケテスなどの名君を輩出したが、ローマ軍に敗北、消滅した。

フレスコ画。左の人物は、攻城王デメトリオス・ポリオルケテスとされている。紫のカウシアとサリッサを持ち、傍らには盾が置かれている。イタリア、ボスコレアーレ、前60～30年。

1. ファランギタイ

　アンティゴノス朝とプトレマイオス朝の編成は、4の倍数で構成され、ロコス（16人）→テトラルキア（64人）→スペイラ（Speira、256人）→キリアルキア（1024人）→ストラテギア（Strategia、4096人）となっていた。一見すると軍事理論家の編成とは違うように見えるが、実際のところは理論家たちの編成を簡略化したものと言ってよく、兵数や部隊名にも共通するものが多い。

2. 対戦象兵（Elephantomachai）

　前2世紀のペルセウス王によって創設された部隊で、対戦象専門の特殊部隊。兵士を掴もうとする鼻に対処するための鋭いスパイクがついた兜をかぶり、即席のマキビシとなるスパイク付きの盾を持つ。しかし、前168年のピュドナではローマ軍の戦象を止められずに軍は敗北、アンティゴノス朝は滅亡することになる。

対戦象兵の想像図。素早く動き回るため、軽装で、投槍で武装していたと思われる。盾のタイプはわかっていないが、ツレオス（イラストでは円形）であったと思われる。

セレウコス朝シリア(前312〜63年)

　大王の部下でバビロニア領邦太守であった勝利王セレウコス・ニカトルによって建国された。最盛期にはシリアからメソポタミア全域、インドに至る広大な領土を保持したが、ローマ軍に敗北した。東方諸民族の武装を積極的に取り入れ、カタフラクトイや戦象、重鎌戦車を擁するなど特徴ある軍隊をもつ。

1. セレウコス軍

　セレウコス朝の軍事力の根幹は東方に入植したマケドニア人とギリシア人で、各地から召集した総督軍、ギリシア人やケルト人傭兵が加わって軍を形成する。
　マケドニア人植民都市はリュディア(小アジアの西半分)、フリュギア、北シリア(首都アンティオキアを含む)、ユーフラテス河上流域、メデア(北部イラン)、バクトリア(現アフガニスタン、タジキスタン、カザフスタン)に集中しており、これらの内チグリス川西岸の植民都市だけで重装槍兵44000人、ペルタスト3000人、騎兵8000〜8500騎を供給できたという。これに加え、小アジアの植民都市からは6000人、メデアとメソポタミアからは13000人を召集することが可能である。また、シリアやメソポタミアの裕福な植民都市群や、東方の騎馬民族、当時の最高馬種であるニカエア馬を擁する圧倒的な騎兵戦力を持つ上、体格に優れるインド象の供給を独占していた。

　これほどの強みを持つセレウコス朝だが、領土や国境が広すぎて兵力の集中運用ができないという欠点があった。西部でのヘレニズム諸王国との戦争やユダヤ人の反乱、北部の遊牧民族との小競り合い、東部のインドやバクトリアで頻発する反乱、後にはパルティア王国との戦争などに対処する必要があったのだ。しかも召集兵は故郷から遠く離れた戦場へと送り出すことは難しい。軍隊の中核を形成する、信頼のおける兵士たちの供給を植民都市に依存していたため、セレウコス朝は慢性的な兵士不足に見舞われていた。

　軍の中心は、シリア北西部の植民都市ペラ(アパメア)で、王室厩舎、戦象厩舎、総軍司令部、士官学校が置かれ、重要な戦役時には軍隊の集結地点となっていた。

2. 軍事改革

　アンティオコス4世によって前168年頃に行われたとされる軍事改革は、それまでのマケドニア式システムに、重装歩兵を攻撃的に活用するローマ式システムを組み込もうとする試みであった。この改革の詳細は残っていないが、その結果というべき

ものを前166年の「ダフネの行進」に見て取れる。

　ポリュビオスによると、この行進に参加した部隊は以下の通りになる。（†は傭兵）

●歩兵部隊（計41000人）
　　ローマ式の装備（とロリカ・ハマタ）を身に着けた兵士5000人
　　ミュシオス（ムソイ）族5000人†
　　キリキア人軽装歩兵3000人†
　　トラキア人3000人†
　　ガラティア族5000人†
　　マケドニア兵20000
　　（金盾隊10000人、青銅盾隊5000人、銀盾隊5000人）

●騎兵部隊（計9500／8500騎）
　　ニサからの騎兵1000騎
　　アンティオキアからの騎兵3000騎
　　ヘタイロイ1000騎
　　「国王の友人（フィロ）」1000騎
　　選抜騎兵（もしくは選抜された軍馬）1000騎
　　アゲマ1000騎
　　カタフラクトイ1500騎

●その他
　　6頭立て戦車100両
　　4頭立て戦車40両
　　4頭立て戦象戦車1両
　　2頭立て戦象戦車1両
　　戦象36頭

　このリストの中で最も目を引くのは、5000人のローマ式の装備をした兵士たちである。当時のローマ軍団は4200人（軽装歩兵ウェリテス1200人、ハスタティイ1200人、プリンキペス1200人、トリアリイ600人）の歩兵からなるが、非常時には、1個軍団は5000人（ウェリテス1200人、ハスタティイ1600人、プリンキペス1600人、トリアリイ600人）にまで増強されるため、セレウコス朝はこの増強軍団をコピーしたと思われる。その後の記録に登場しないため、解体されたのだろう。

3．ファランギタイ (Phalangitai)

セレウコス朝のファランギタイは、16列16段計256人のシンタグマを1ブロックとして形成されていたと思われる。

4．銀盾隊 (Argyraspides)

国王の宮廷内に居住した精鋭部隊。マケドニア人植民都市から選抜された20～30歳の青年たちからなる。家族の農地を受け継ぐと銀盾隊を引退し、以降は一般兵となった。総勢1万人で、ペルシア帝国の「不死隊 (Athanatoi, Amurtaka)」に影響を受けたとされている。

セレウコス朝軍の主力攻撃部隊で、ファランギタイの装備で戦った。国王やその護衛と共に全軍に先立って行動し、スピードが要求される場合にはファランギタイとしての防具を捨ててペルタスト（イピクラテス式）として戦ったという。

ダフネ行進時にローマ式装備をした部隊は、銀盾隊の中から選抜された兵士であると考えられている（銀盾隊の数が5000人なので、残り5000人がローマ式部隊になったという推測である）。

5．ヒュパスピスタイ (Hypaspistai)

銀盾隊の中から選抜された最精鋭部隊。1000 (1024) 人からなる。「不死隊」の中のエリート部隊「リンゴ兵」をモデルにしたといわれているが、おそらく間違い。親衛隊として国王につき従った。時折ペルタストと混同されることから、ひょっとしたら彼らはファランギタイではなくペルタストの装備をしていた可能性もある。

6．ペルタスト (Peltastoi)

中装・軽装歩兵。イピクラテス式のペルタストと軽装歩兵のペルタスト、ガラティア族ケルト人、ツレオフォロイなどは十把一絡げにペルタストと呼ばれた。

7．騎馬親衛隊 (Agema、Hetairoi)

セレウコス朝の騎馬親衛隊は2グループあり、どちらも1000 (1024) 騎。アゲマはメデア人、ペルシア人、ギリシア人。一方のヘタイロイはマケドニア人で構成され、王室騎兵団 (Ile Basilike)、近侍騎兵隊 (Hippos Hetairike) とも呼ばれる。マグネシアの戦いでは、ヘタイロイの部隊はカタフラクトイと同様のタイプだが、やや軽

装というので、額当て以外の馬鎧を付けていないカタフラクトといったところかもしれない。

8．一般騎兵

一般騎兵は、ドラトフォロイ（ドラタ装備）、キュストフォロイ（キュストン装備）、ツレオフォロイ、トラキタイがいたとされる。

敵対するパルティアやアルメニア騎兵が菱形陣形を採用したということから、セレウコス朝の騎兵の少なくとも一部は菱形陣形を採用していたと思われる。シヴァンヌは、菱形隊列は投槍騎兵や騎馬弓兵にも採用されていたと主張している。

この時期の騎兵は、キリアルキア（1024騎）→ヒッパルキア（512騎）→イレ（64騎）→オウラモス（32騎）に分かれていたらしい。多分イレは重装騎兵の基本単位で、オウラモスは方形隊列を組む軽装騎兵の基本単位であろう。

9．カタフラクトイ

前210年頃に導入された超重装騎兵で、人馬共に鎧を着こんでいた。後の時代の遺物などから推測すると、青銅製の額当て、馬鎧は革か布製、または革や布の下地の上に金属製の小札を縫い付けたもので、乗り手は通常の鎧（またはステップ地方で使われていたラメラーや中近東の小札鎧）に加えて足を防護する足鎧を着けていた。馬鎧は、敵の矢を防ぐことを主にしていると思われる。名前は「完全に覆われたもの」「全身防護」という意味で、本来は漕ぎ手の頭上を甲板で覆った「装甲ガレー船」を指す。

後10世紀の『Sylloge Tacticorum』によると、兵士は小札鎧、またはリネンや角製の鎧と腿当てを、馬は胴鎧と額当てを着けていたという。武器は両刃の直剣、と全長3.1～3.74mの槍で、長さ78～97.5cmの楕円形の盾を持つ。

東方の諸民族からイランにまたがる地域が起源で、おそらくアンティオコス3世の東方遠征時に導入されたと考えられている。ガウガメラの戦いでのスキタイとバクトリア騎兵は、マケドニア騎兵よりも人馬共にはるかに重防御であったという。これ以上の細部は語られていないが、バクトリア地方のクンブズ＝テペから出土した浮き彫りにこのカタフラクトイと思われる重装騎兵の後ろ半分がみられる。馬を四角形のパネルがついた覆いでカバーし、さらに騎兵の腿から腰にかけての部分にも同様の覆いがある。これはおそらくクセノフォンが言うところのパラメリディア（Parameridia）という防具で、鞍布に取り付けるタイプの防具であろう。四角のパネルは鉄または青銅の板で、革か布の裏地に縫い付けられているのだろう。そして脛には金属製か革製の輪を連結して筒状にしたものをつけている。アイ・カヌムからはこの足鎧の実物が

第2章 各国の部隊

出土しているが、これには踵と足の甲、つま先を防護する防具が付属している。別の遺物には馬の頭部を覆う防具と、おそらく小札式の首鎧とみられる描写がされている。これだけの重量を運ぶことのできる馬は非常に希少で、当時ではニサエア馬というメソポタミア地方で生育する馬が主に使われていた。

セレウコス朝特有の兵種で、これと同等の騎兵は帝政ローマ後期までヨーロッパには登場しない。正面突撃の破壊力においては追従を許さず、前190年のマグネシアの戦いではローマ軍団を正面撃破したと考えられている。一方で機動力が低いため、軽装騎兵に遭遇すると一方的に攻撃されて殲滅されることもあった。

衝撃力を最大限に活かすため、楔形隊列で戦うと考えられている。ちなみに、マグネシアで配備された3000騎が一隊64騎の楔形隊列をとって整列した場合、幅1395mの超重装騎兵の壁ができることになる（ここでは計算上64騎×47個部隊の3008騎、プラス各隊の距離を入れて計算した）。対峙する兵士の目には視界の続く限りのカタフラクトイの隊列が映ることになり、その威圧感は凄まじいものがあっただろう。

マッサゲタエ族またはダアイ族重装騎兵。四角いパネル状の金属（青銅）板を縫い付けたと思われる鎧を着込む。脚には筒状の連結式足鎧を着けている。ウズベキスタン、ホラズミア、クンブズ＝テペ遺跡、前4～3世紀前半。

バクトリア出土の重装騎兵像。頭部には小札式の顔覆い、首には鋭角な感じの小札鎧らしきものを付けている。

ペルシアの重装騎兵。脚部を覆っているのは、鞍布に付属した足覆い。

第三部　ヘレニズム王国

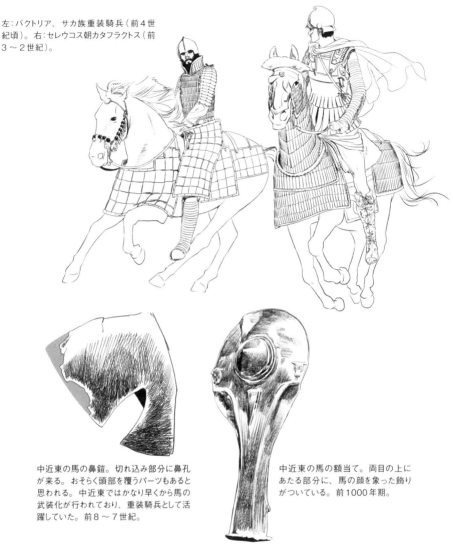

左:バクトリア、サカ族重装騎兵(前4世紀頃)。右:セレウコス朝カタフラクトス(前3～2世紀)。

中近東の馬の鼻鎧。切れ込み部分に鼻孔が来る。おそらく頭部を覆うパーツもあると思われる。中近東ではかなり早くから馬の武装化が行われており、重装騎兵として活躍していた。前8～7世紀。

中近東の馬の額当て。両目の上にあたる部分に、馬の顔を象った飾りがついている。前1000年期。

10. 戦象

　セレウコス朝の戦象はインドから輸入したインド象で、シリア北西部のアパメアの厩舎で生育されていた。最初の登場は前302年で、インドのチャンドラグプタ王から贈られた500頭の戦象だった。その後、戦象の数は急激に減少していく。輸入の困難さが直接の原因だが、それほどの数をそろえる必要がなかったという理由もある。

　戦象の第一の役割は騎兵と戦象の撃退であるが、セレウコス朝は当時最大の騎兵戦力を持っているため、戦象に依存する必要がない上、他の勢力が配備してい

るアフリカ象よりも体格のいいインド象を配備しているため、敵の戦象を数で圧倒する必要がない。ともあれ、おそらく前3世紀初め頃には戦力としては第一線を退き、前162年の第二次ユダヤ侵攻直後に、ローマが協定規約違反として戦象を殺処分して以降、セレウコス朝軍に戦象が登場することはなかった。

後期になると軽装歩兵とチームを組むことも多かった。その場合、戦象1頭に軽装歩兵50人で一グループを構成し、軽装歩兵は、戦象の天敵である敵の軽装歩兵や軽装騎兵を撃退し、一方の戦象は、軽装歩兵の大敵である敵騎兵などを撃退した。

11．戦車（Harma）

セレウコス朝は大小の戦車を運用していたことで知られている。最も有名な戦車は鎌戦車で、戦車の車軸などから鋭い刃が突き出しているものである。この他には戦士の運搬や射撃用、もしくは軽鎌戦車と思われる戦車も存在していた。「ダフネ・パレード」には、戦象4頭立て戦車と戦象二頭立て戦車1両ずつが参加しているが、実戦用ではない。

ガラティア族ケルト人やインド人戦車部隊が戦車戦力の中核で、正規軍は戦車部隊を配備していなかったという説もある。

鎌戦車部隊の役割は敵隊列を混乱させることであり、仰々しい鎌も敵を脅かすための道具である。たとえ敵が道を開けて戦車を素通りさせたとしても、敵が元の隊列に戻る前に後続部隊が攻撃できれば、敵部隊の戦闘能力は大きく減少するし、後続部隊のタイミングが合わなくても、敵部隊が隊列を整えなおすまでの間に、こちらが先手を取れる。徒歩の兵士より小回りが利かない騎兵（特に重装騎兵）には絶大な効果を発揮したという。

欠点は、馬を複数頭連ねているため飛び道具の攻撃に弱いこと、小回りがきかず機動に大きな場所を必要とすること、地形の影響を大きく受けること、出鼻を挫かれると単なる的になってしまうことだ。一般に、軽装歩兵が戦車の大敵とされた。

さらに、戦車の統制破壊能力は、敵味方関係なく発動するため、混乱時や退却時には味方部隊に多大な損害が出てしまうことがある。マグネシアでは混乱状態に陥った鎌戦車部隊が味方部隊に向かって逃走し、結果セレウコス朝軍左翼が壊走状態に陥ってしまい、戦いの敗北を決定づけてしまった。なお、この戦いが鎌戦車最後の実戦投入である。

軍事理論家によると、戦車部隊の編成はジュガルキア（Zygarchia、2両）→シュジュギア（Syzygia、4両）→エピシュジュギア（Episyzygia、8両）→ハルマタルキア（Harmatarchia、16両）→ケラス（32両）→ファランクス（64両）の順に構成される。

第三部　ヘレニズム王国

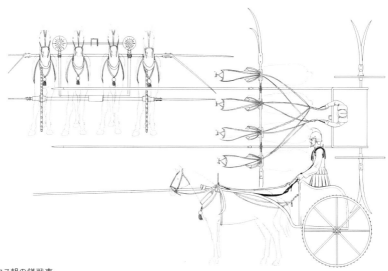

セレウコス朝の鎌戦車。
リウィウスを元に、アレクサンダー・モザイクとペルシア出土の黄金製4頭立て戦車(前5世紀頃)の
小像を参考に再現した。セレウコス朝の戦車は前身であるアケメネス朝ペルシアの鎌戦車を発展させたもので、
戦車本体の基本構造は変わらないだろう。頸木はかなり前方に置かれており、首帯で牽引する。
古代エジプトの戦車のような複雑な馬具はなく、ゆとりを持たせてやや緩めに頸木に固定していると思われる。

12. ラクダ兵

　ラクダ兵は主にアラビア半島からの召集兵または傭兵だ。ヒトコブラクダに騎乗したラクダ弓兵で、高所から敵を攻撃するために長さ1.8mの剣を装備していたという。ラクダは馬よりも多くの重量を積載できるため、かなりの重武装であった可能性がある。馬はラクダの匂いを本能的に嫌がるため、敵騎兵への攻撃にも使われた。

ラクダ兵。背中のこぶにクッションを乗せて、その上に座り込むようにして乗る、ラクダ特有の乗り方。馬よりはるかに高所に座っている。シリア北部、前10世紀。

13. 傭兵・召集兵・同盟諸国部隊

ギリシア人傭兵：およそ1万から16000人ほどで、練度の高い部隊とされている。これらの傭兵はクレタ弓兵や伝統的なホプライト（スパルタ傭兵やスパルタ人指揮官などを含む）、さらには盾兵（Aspidophoroi：詳細不明。ホプライトの別名かもしれない）と呼ばれる重・中装歩兵やタラント騎兵を含む。

東方諸民族：騎兵が特に強く、セレウコス朝の騎兵戦力の重要な供給源。カタフラクトイから騎馬弓兵までのありとあらゆる種類の騎兵戦力が含まれる。主に王国東方のメデアやバクトリア地方から召集されるため、王国西方での戦争への参加は難しい。

ステップ遊牧民の革製小札鎧。ほぼ完全な形で残った非常に珍しい鎧で、リノソラクス以外の鎧の形態がよくわかる。メトロポリタン美術館蔵、前8～1世紀。

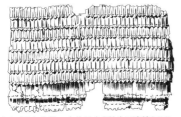

スキタイの小札鎧。小札同士を針金で連結させる、分類的にはラメラーと呼ばれる鎧。下部の小札は反り返っていて上下に長く、ベルトを巻きつけるウエスト部分だろう。クリミア半島、前4世紀終わりから前3世紀初め。

スキタイの脛当て。細長い板を横に並べて接合させる形式で、スプリンテッド（またはスプリント）と呼ばれる。板を連結させている針金は、革製（羊、またはヤギ）の裏地を固定するのにも使われている。左上の小札鎧と同じ場所から発掘された。

エジプトで発掘されたスキタイ人兵士。高度に様式化されているが、前合せの長袖の服とズボンに頭巾。戦斧、槍、弓という典型的な装備に身を固めている。唯一異質な点は、伝統的なゴリュトスではなく、矢筒を使うところ。後頭部から纏めた髪らしきものが飛び出している。大英博物館蔵、前4～2世紀。

第三部　ヘレニズム王国

プトレマイオス朝エジプト（前305～30年）

大王の最も信頼する将軍の一人であった救世王プトレマイオス・ソテルによって建国された。豊かで他の勢力とは隔絶した地理にあるエジプトを拠点に、ヘレニズム王国中最も長く継続した。愛父女王クレオパトラ7世・フィロパトル（女王クレオパトラ）と共同統治者、プトレマイオス15世フィロパトル・フィロメテル・カエサル（カエサリオン）の死亡をもって滅亡、ローマに吸収された。

1. 軍改革

非常に長く存在した王国であるため、幾度かの改革が行われている。前述の前160年頃の改革の他に、前220年頃にも大規模な改革が行われたことがポリュビオスなどによって指摘されている。彼によると、この改革は「初めに兵士をゲネ（Gene）と年齢によって分け、以前に何をやっていたかに関係なく適切な装備を与えた。次に現状に合わせてそれまでの部隊編成を廃止し、兵員名簿を破棄」し、元アンティゴノス朝マケドニアに仕えていた傭兵を軍事教官として雇い入れたということである。

つまり、この改革は軍隊を「ゲネ」と年齢別のカテゴリーで編成しなおしたということになる。このゲネは、通常「民族、人種」と訳されているが、前220年以前にすでに軍隊は民族別に召集、編成されていたことが判明しているため、このゲネは「階級、カテゴリー」という意味合いであろう。

つまり、この改革は民族（地域）単位の集団で構成されていた軍隊を、国民軍にしたということになる。エジプト各地から集められた兵士たちは、出身地や出身民族に関係なく階級（おそらく重装兵、軽装兵の二階級）、年齢別に分けられ、それぞれ違った役割（兵種）に振り分けられ、訓練されるということになる。各地域の軍を指揮していた指揮官（地域の有力者）が前220年頃を境にすべて消滅していることも、この説を裏付けている。

2. マキモイ・エピレクトイ（Machimoi Epilektoi）

前5世紀のヘロドトスによると、マキモイ（ギリシア語で戦士の意）とはエジプトの戦士階級のことで、カラシリエス（Kalasiries）とヘルモテュビエス（Hermotybies）に分かれるという。現在の学者たちの研究によると、カラシリエスは古代エジプト語でgl-šr.w、ヘルモテュビエスはrmt-dm.wと呼ばれた人々だという。彼らは国から土地を与えられた兵士（警官）たちで、エリート職業軍人から一般召集兵までを含む雑多な集団であった。

プトレマイオス王朝のマキモイたちは国から一定の土地と給料（下級兵士で一般労働者の倍の給料）を受け取る代わりに軍役につく兵士たちで、歩兵、騎兵だけでなく海軍に属する者もいた。

これまでの定説によると、エジプト人（原住民）は軽装歩兵などの補助的な役割しか与えられていなかったが、圧倒的兵力のセレウコス朝軍を相手にするため、ついにエジプト人を軍の中核たる重装槍兵として召集、訓練したとされている。彼らのなかから特別に選ばれたエジプト人兵士3万人から構成されたマキモイ・エピレクトイ（選抜兵）は、前217年のラフィアの戦いでギリシア人重装槍兵隊と共に軍の中央に位置し、プトレマイオス朝軍の勝利に貢献した。この勝利により自信をつけたエジプト人兵士は反乱を起こし、自らの王ハルマキス（ホルウェンネフェル王）を擁立してナイル上流に独立王国（第35王朝）を建国、以降20年間エジプトは二つの国に分裂することになったという（有名なロゼッタストーンは、この反乱王国の鎮圧に貢献した神官に対する感謝の意を表すために制作された）。

しかし、例えば前312年のガザの戦いでも相当数のエジプト人兵士が参加しているなど、エジプト現地民は、実ははるか以前から軍主力部隊に存在していた。また、パピルスなどの記録によると、マキモイはエジプト人とギリシア人が混在していることから、少なくとも支配者階級はエジプト人とギリシア人を差別することはなかったように思われる。また、ラフィアの戦い直前である前220年頃の改革でも、エジプト人とギリシア人との間に差別があったことをうかがわせる記録はない。

3. ファランギタイ

ファランギタイの編成はアンティゴノス朝とほぼ同一のものであったと思われる。唯一の違いは名称で、ロコスが十人隊（Decades）または旗隊（Semaia）と呼ばれている。

4. バシリコン・アゲマ（Basilikon Agema）

近衛重歩兵。選抜されたベテラン兵からなり、総勢3000人とされる。

5. 騎兵

騎兵の組織構造は他の諸国とあまり変わらず、ヒッパルコイを頂点として、イレ、オウラモスと続く編成になっていたらしい。ヒッパルコイは行政単位でもあった。各ヒッパルコイは所定の地域、都市、民族ごとに召集・維持されており、日常の事務処理

を行う書記(Clerchus)がヒッパルコイに付属している。

エジプトから発見されたパピルスにより、デカス(Dekas)という部隊の存在が明らかになった。おそらく8～12人程度のグループで、方形隊列の1列分に相当するのだろう。

6. 戦象

セレウコス朝がインドからヨーロッパに通じる陸の交易ルートを独占していたため、他国は戦象の供給をセレウコス朝に頼るしかない状況の中、唯一の例外がエジプトであった。プトレマイオス1世は、エジプト南方のクシュ(現エチオピア)に象がいるという噂を聞きつけ、数度にわたって遠征軍を派遣して戦象の獲得に努めた。さらに、紅海からアラビア半島を回航してインドへと至る交易ルートを確保し、インドから直接経験豊かな象使いを雇い入れていた。

第四部
ケーススタディ

第四部 ケーススタディ

第1章
マンティネアの戦い
（前418年）

ペロポネソス戦争（前431〜404年）前期最大の戦いであるマンティネアの戦いは、ファランクスの運用法や戦闘の実際が細かく書かれている珍しい戦いである。

 状況解説

前420年。スパルタに対抗して、アルゴス、アカイア、エリス（スパルタのライバル都市で、オリンピック大会の主催国）、アテネによるアルゴス同盟が結成された。さらに同年、オリンピック大会の停戦慣習を破ってエリス市に属する都市を攻撃したとして、スパルタに罰金が科せられた。スパルタは抗議するが、同年の大会での生贄犠牲式への出席拒否や、スパルタ人選手の優勝取り消しなどの屈辱的な扱いを受ける。その翌年、アルゴス軍がスパルタの同盟都市を攻撃すると、救援に向かったスパルタ軍は、国境付近まで来ながら、吉兆が出ないために彼らを見捨てざるを得なかった。

これ以上弱みを見せれば同盟の結束を保てない。スパルタは国王アギス2世を指揮官とする同盟軍を編成、アルゴス地方に侵攻した。アルゴス軍はこれを迎撃するが、王の巧みな戦略機動に翻弄され、アルゴス中心部への侵入を許してしまうだけでなく、全軍がスパルタ同盟軍に包囲されるという事態に陥ってしまった。

この絶好の機会に、王は敵を殲滅する代わりに4か月の休戦協定を一存で決め、撤収してしまった。直後にアルゴスが協定を一方的に破棄して、スパルタの同盟都市を奪取すると、兵士たちの不満は怒りへと変わり、アギス王は裁判にかけられた。国王は勝利によって過ちを償うと約束することで釈放されたが、元老会は国王に10人の監視員をつける前代未聞の措置をとった。

前418年、スパルタ市を出発した軍は、途中で軍の6分の1にあたる老年兵と若年兵を本国防衛のために帰還させて北上。道中アルカディア地方の同盟部隊と合

第 1 章　マンティネアの戦い（前418年）

流し、敵対都市マンティネア領内に進出した。

　勝利に焦るアギス王は、高所（おそらくマンティネア東のバルベリ山）に陣取るアルゴス同盟軍への攻撃を開始しようとするが、監視員の説得で攻撃を断念し、代わりにアルゴス平原を流れる河の流路を変えて平原を冠水させることで敵を平地に引きずり出す作戦に出た。アルゴス軍はこれを防ぐべく、有利な高所を引き払い、平原に布陣したのである。

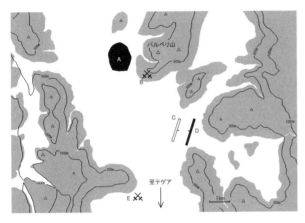

■マンティネア周辺地図

A：マンティネア市、B：最初の布陣位置、C：決戦位置（アルゴス同盟軍）、D：決戦位置（スパルタ連合軍）、E：第二次マンティネアの戦い（前362年）の位置。

 兵力と布陣

　各隊の縦深はバラバラだったが、便宜上8段縦深として計算する。両軍とも歩兵部隊は左から順番に解説していく。

■マンティネアの戦いの配置図

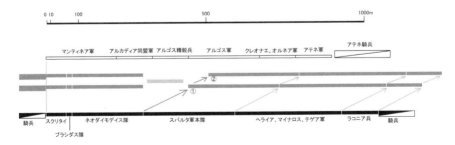

見やすさのため、スクリタイとマンティネア軍の端をそろえている。
グレーの図は戦闘直前の状況を示したもので、①が横に150m、②が200m移動した時の状況。
薄いグレーは、ラコニア兵とされたスパルタ軍2個ロコスを示す。

237

スパルタ連合軍（総兵力10232人・正面幅1251.9m）

- **スクリタイ部隊**（600人・正面幅75列、67.5m）
  北ラコニア地方からの同盟軍。一般的には軽装歩兵とされているが、重装槍兵である。

- **ブラシダス隊**（152人・正面幅19列、17.1m）
  スパルタの将軍ブラシダスがトラキア遠征時に率いていた部隊。ブラシダス最期の戦いでの直卒部隊の兵数から推定して152人とする。

- **ネオダイモデイス隊**（2000人・正面幅250列、225m）
  軍役と引き換えに自由を得たヘロット。約2000人とされている。ブラシダス隊と1セットになっていた。

- **スパルタ軍本隊**（2560人・正面幅320列、288m）
  スパルタ正市民2800人と、二級市民ヒュポメイオネスとペリオイコイ784人からなる。7個ロコス編成で、それぞれ512人（8段64列）、計3584人（ヒッペイスを含む）。王の位置は不明だが、状況から本隊最右翼と思われる。この位置に布陣しているのはスパルタ軍5個ロコス（2560人）である。

- **ヘライア軍、マイナロス軍、テゲア軍**
  （3000人、正面幅375列、337.5m）
  同盟都市軍。ヘライア、マイナロスはアルカディア地方の都市、テゲアはマンティネア南隣の都市。兵数は推定3000名。

- **少数のラコニア軍**（1024人・正面幅128列、115.2m）
  「少数」とあるが、実はアリストクレスとヒッポノイダス率いる2個ロコス1024人。最も脆弱な最右翼を防護する。

重装槍兵の総数9336人。正面幅1167列、1050.3mとなる。

これに騎兵と軽装歩兵が付随するが、わずかに騎兵が両翼に配置されたという記述のみで兵数は不明である。そこで騎兵は重装歩兵の10分の1という当時の伝統的比率を適応して、騎兵は約900騎とする。

彼らは最大8段の方形隊列を組んでいたと思われる。騎兵の項で述べたように、彼らがファランクスの隊列を模した編成であれば、8段4列の「誓約団」を基本とした部隊編成になっている可能性がある。これを当てはめると、各翼には14個「誓約団」＝3個半「50分の1」隊の計448騎、両翼合せて896騎となる。

各部隊同士の間隔は、部隊の正面幅に等しい。1個50分の1隊は正面幅16列、14.4mであるので、3個50分の1隊で86.4m、4個で115.2mとなる。

以上の数値を合計して、スパルタ軍の正面幅は、左翼騎兵86.4m、ファランクス1050.3m、右翼騎兵115.2mの合計1251.9mとなる。

アルゴス同盟軍（総兵力推定8768人・正面幅1072.8m）

- **アテネ軍**（約1000人・正面幅125列、112.5m）
  1個タクシスに相当する。

- **クレオナエ軍、オルネア軍**（約1000人・正面幅125列、112.5m）
  アルゴス同盟の都市国家。クレオナエ市はアルゴスからコリントに至る街道沿いの小都市で、古代四大運動競技大会の一つ、ネメア祭の開催地でもある（主催はコリント市）。

- **アルゴス軍**（約2000人・正面幅250列、225m）
  同盟軍の主力。一般市民兵。

- **アルゴス精鋭兵**（1000人・正面幅125列、112.5m）
  厳しい訓練を積んだフルタイムの職業軍人。

- **アルカディア同盟軍**（約1000人・正面幅125列、112.5m）
  「ペンテ・ロクソイス（5個ロコス）」という別名の通り、5部隊（5つの同盟国家軍）により構成されていた。

- **マンティネア軍**（約2000人・正面幅250列、225m）
  ペロポネソス半島中央部の都市で、各地へ伸びる街道が合流する交通の要衝。現在では廃墟のみ残る。プラトンの著作に登場する女性哲学者ディオティマの出身地でもある。

重装槍兵は合計8000人、正面幅1000列、900mとなる。

アテネ軍は自国の騎兵によって守られていた。同盟軍の騎兵はアテネのものだけで、しかも左翼にのみ配置されていたらしい。その兵数は不明だが、全軍の10分の1にあたる800騎前後であろう。便宜上スパルタの制度をこれに当てはめると、6個50分の1隊768騎となり、正面幅96列、172.8mとなる。

アルゴス同盟軍の正面幅は、右翼騎兵172.8m、重装歩兵900mの計1072.8mとなる。

■ 軽装歩兵

軽装歩兵についての記述は両軍ともにない。これは軽装歩兵がいなかったからではなく、単に重要ではなかったためである。当時の平均的な割合から考えて、重装槍兵と同数程度はいたのではないだろうか。

 戦闘

1. 布陣

スパルタ軍は、同盟軍が待ち構えていることを知らず、森の中から平原に出たところに、決戦を挑むべく平地に布陣した同盟軍と鉢合わせすることになった。

ほぼ奇襲状態だったが、スパルタ軍は素早く体制を整えた。クセノフォンによると、スパルタ軍は誓約団単位で行軍する。つまり、4列8段の部隊が縦に連なって進軍するのだが、敵と接触すると最前列の部隊は停止し、その後ろに続く部隊が前方の部隊の左に移動する。これを繰り返すことで、後続の部隊が次々に左に並んで戦闘態勢を整えるのである。

この時の連合軍は、スパルタ本軍を先頭に行軍していたものと思われる。そして、敵を発見したら即座に展開して、後続の部隊が布陣する援護をしたとするのが自然であろう。というのも、スパルタ以外はロコス以下の部隊が存在せず、すべての行動が数百人単位で行われるため、素早く展開・布陣できない。アルゴス同盟軍はそもそもスパルタ軍を強襲する意図を持っていたのだから、布陣にもたつく連合軍を放置する意味はないのだ。ということは、スパルタ本軍が素早く布陣し、他の部隊を擁護したので、攻撃できなかったと見るほかない。連合軍最右翼の2個ロコスは、展開中の友軍を敵騎兵から守るために派遣されたのだろう。スパルタ連合軍の一見奇妙な布陣(最強のスパルタ軍が右翼にいない)は、この応急処置の結果であったに違いない。

2. 序盤

布陣を終えた両軍は前進を始める。「スパルタ軍が笛の音に合わせて粛々と前進することと」「ファランクス同士が右へと移動する傾向があること」という有名な逸話はここで紹介されている。

ファランクス同士が右へと移動した結果、自軍左翼を包囲撃破されることを恐れたアギス王は、最左翼のスクリタイとブラシダス隊を敵軍最右翼の正面へと移動させ、アリストクレスとヒッポノイダス率いる2部隊に、スクリタイらが移動したことによって空いた穴を塞ぐように命令した。
　ここで、アギス王の命令を受けた2人の部隊の位置関係が明らかになる。もしも彼らの部隊が軍の中央に位置するスパルタ本軍にいたとしたら、スクリタイらの穴を塞ぐ代わりに、今度はスパルタ本軍に穴が開いてしまう。つまり、軍に穴をあけることなくスクリタイらの穴を塞げる部隊は、最右翼の「少数のラコニア兵」のみなのである。スパルタ連合軍はアルゴス同盟軍より全長が長いうえ、部隊が右に寄ったため、スパルタ軍の右翼には相当の余裕があり、彼ら2部隊を移動させても何ら問題はないと判断したのだ。
　しかし、アリストクレスとヒッポノイダスは、アギス王の命令を無視した。二人が動かないことを知ったアギス王はスクリタイらに再び元の位置に戻るように告げるが、すでに遅かった。

　最初に両軍の騎兵隊が激突したが、スパルタの騎兵は練度・戦意・兵数全てに勝るアテネ騎兵に簡単に蹴散らされてしまう。一方の連合軍左翼の騎兵は、特に敵対する騎兵もなく、自由に敵部隊を攻撃できたはずが、実際には何の役にも立っていない（軽装歩兵に撃退されたのだろう）。
　記録では、アルゴス同盟軍右翼のマンティネア軍がスクリタイとブラシダス隊を撃破し、アルゴス軍精鋭兵が、スクリタイが移動して開いた穴に突撃してスパルタ軍を包囲、撃退。スクリタイらはそのまま後方の輜重隊まで押し込まれ、輜重隊を護衛していた老兵たちが殺傷されたとしている。おそらく軽装歩兵がスパルタ軍に開いた穴に飛び込んでスクリタイらが本体に合流するのを阻止し、その間に重装歩兵部隊が雪崩込んだのだろう。
　アルゴス軍精鋭兵が戦列の穴に突入したとあるので、当然アルゴス精鋭兵は戦列の穴の正面に位置しているはずだ。もしも右へ移動した部隊がスクリタイとブラシダス隊だけであった場合、最低でも252.9ｍ以上横移動が必要になるが、ネオダイモデイスを含むのであれば、必要移動距離は27.9～140.4ｍ程度になる。後の展開によると、スパルタ本軍はアテネ軍にわずかに接触する位置にいたらしいが、そのためには190ｍの移動が最低限必要である。よって、ここでの横の移動距離は130～200ｍの間、おそらく160～200ｍ前後と推定していいだろう。この距離は、アギス王が派遣しようとしていた2個ロコス115.2ｍで塞ぐのにちょうどいい。
　この移動距離を戦列の反対側に当てはめると、連合軍は敵最左翼のアテネ軍を310.3～350.3ｍもオーバーし（アテネ軍最左翼がスパルタ同盟都市軍の左翼正面に来る）、アギス王が派遣する予定であった2個ロコスが抜けてもなお十分な余

裕を持つ。では、なぜ王の命令が無視されたのか。おそらく、自分たちが抜けると、敵騎兵隊の攻撃によって同盟都市部隊が敗退すると判断したのだろう。ともあれ、この時の命令不服従が原因で、彼ら二人はスパルタから追放されることになる。

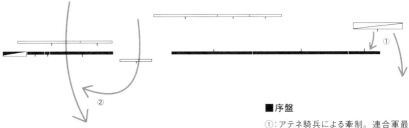

■序盤
①：アテネ騎兵による牽制。連合軍最右翼の2個ロコスが王の命令を拒否する。②：アルゴス精鋭兵が連合軍の間隙に突入。連合軍左翼が撤退する。

3．本隊の接触

　左翼を撃破されたものの、スパルタ本軍は士気を喪失せず、そのまま敵に向けて進んでいった。彼らに正対するのはアルゴス軍本隊とクレオナエ、オルネアの同盟軍、そしてアテネ軍の一部であったが、ほとんどが槍を交えることなく壊走した。逃げ惑う兵士の中には、味方に踏み殺されたものまでいたという。逃走する敵兵を追撃し、スパルタ本軍はアテネ軍の横を土煙を上げて駆け抜けていく。この時、運悪くスパルタ軍に引っかかった（もしくは味方の敗走に巻き込まれた）アテネ軍の一部はなすすべもなく壊走し、将軍ラケスとニコストラトスが戦死した（ニコストラトスは騎兵の指揮官だったかもしれない）。

　アテネ軍は右翼の一部をスパルタ軍に壊走させられたが、いまだに組織的な戦闘力を有していた。連合軍右翼とスパルタ分隊は、アテネ軍を包囲しようと旋回を始める。絶体絶命の危機であるが、アテネ軍の騎兵（と軽装歩兵）は、包囲しようと旋回しつつある連合軍部隊を攻撃、その足を止めた。スパルタ連合軍部隊はアテネ軍より330ｍも長く伸びているが、これは兵数にして2940人に相当する。3倍半以上の敵兵の足を止めて友軍の壊滅を防いだアテネ騎兵隊の活躍は特筆すべきものだ。

　ここでアギス王はアテネ軍を攻撃せず、輜重部隊へと敗走するスクリタイらの救助に向かうことを決定する。スパルタ本軍が遠ざかる中、騎兵の援護もあり、アテネ軍は敵部隊の追撃を振り切って戦線離脱に成功する。彼らには先ほど壊走したアルゴス軍の生き残りが合流した。

4．結末

　アルゴス軍らを壊走させたスパルタ軍は、命令一下直ちに反転、スクリタイらを包囲しているアルゴス同盟軍右翼に後方から迫った。戦況が絶望的であることを悟ったアルゴス同盟軍は、攻撃を諦め撤退にかかる。

　この撤退戦ではスパルタ軍から最も離れたところにいるはずのマンティネア軍に多くの死傷者が出たという。おそらく練度が低い上に洗練された指揮系統を持たないマンティネア軍は撤退にもたつき、スパルタ軍に捕捉されてしまったのだろう。一方のアルゴス精鋭兵はほとんど被害を受けることなく戦線離脱したと伝えられる。

　勝利を得たスパルタ側だが、敵を徹底的に追撃することはなく、トロパイオン（トロフィー）を飾り付けて勝利を宣言し、会戦は終わりを告げた。

■終盤

①：スパルタ本軍により、同盟軍主力が壊走。②：抵抗を続けるアテネ軍を包囲しようとする連合軍だが、アテネ騎兵隊の妨害攻撃により失敗する。③：スパルタ本軍は反転し、左翼を攻撃している敵部隊に攻撃をかける。④：アルゴス精鋭兵は、敵部隊の切れ目から素早く撤退する。同時期にアテネ軍も騎兵の援護を受けつつ撤退に成功する。

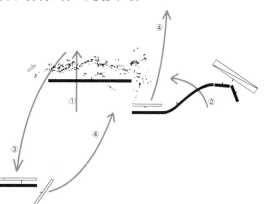

　この戦いでの死者は以下の通りとされている。

アルゴス同盟軍
- アルゴス、クレオナエ、オルネア軍：計700人（戦死率17.5％）
- マンティネア：200人（戦死率：10％）
- アテネ：200人（戦死率：20％、騎兵800騎を含むと11％）

　　　　　　　　　　　　　総計：1100人（戦死率13.75％）

スパルタ連合軍
- 同盟諸国：ごく僅か（おそらく数人程度）
- スパルタ：300人
（スクリタイ、ブラシダス隊、ネオダイモデイス。戦死率4.7％）

　　　　　　　　　　　　　総計：300人（戦死率3.2％）

スパルタ軍左翼の死者の数が非常に少ないことから、死者の数が過少報告されている(スパルタは自軍の損害を過少報告する伝統があった)か、彼らの敗走は、組織だった撤退戦であったということになる。
　敵とほとんど戦うことなく壊走したはずのアルゴス、クレオナエ、オルネアの諸軍の損害の大きさを見ると、敗走時の損害の大きさが見て取れる。
　アテネ軍の死者は、ほぼ無傷で撤収したというトゥキュディデスの証言とはかけ離れた数値であるが、死者の大半は騎兵だったと考えると辻褄が合う。2900人の重装槍兵の包囲機動を食い止め、さらに撤収時の援護も行ったアテネ騎兵隊の健闘ぶりは、数値からも十分に推測できよう。

第2章 ガウガメラの戦い（前331年）

A 状況解説

　前334年のグラニコス河と翌年のイッソスの戦いの後、マケドニア軍はペルシア地中海艦隊を殲滅すべく、シリアの沿岸都市を次々と攻略していった。その間、ペルシア王ダリウス3世は、来るべき決戦に備え、王国の東にあるバクトリアやインドからの増援を含む大軍勢を編成していた。

　前331年、後顧の憂いを絶ったマケドニア軍は、ついにペルシア帝国の心臓部へと進軍を開始する。彼らは砂漠を通る直進ルートではなく、牧草や水の豊富なチグリス川沿いに迂回するルートをとった。

　ダリウスは、狭い地形で戦ったために、数の優位を生かせなかった前回の失敗を反省し、平坦で開けた地形を決戦の地に選んだ。秘密兵器である鎌戦車の効果を十二分に発揮するために、一帯を平らに均し、さらにマケドニア騎兵の攻撃予測ルートにマキビシを撒くなど、念には念を入れた万全の態勢で戦いに臨んだという。

　一方のマケドニア軍は、ペルシア軍が近くにいることを知るとすぐに野営地を構築し、4日間兵士達を休ませた。その後、敵軍を夜襲しようとするが失敗する。なぜか夜襲部隊に輜重隊を加えていたために行軍が遅れ、夜明けまでに敵にたどり着けなかったのだ。

　5km先にペルシア軍が布陣しているのを発見したマケドニア軍は、直ちに停止し、その後の方策を打ち合わせた。諸将は即時攻撃を主張したが、一日待って、その間に地形や敵陣を偵察すべしというパルメニオンの慎重論が採用された。

　おそらく作り話である伝説ではその夜、パルメニオンが敵陣への夜襲を提案するが、大王は「王は勝利を盗まない」という名言でこれを拒否し、翌日の戦いに備えたという。幸運だったことは、ペルシア軍は夜襲を警戒して、その夜を戦闘隊形のまま過ごしていたことだ。このため、ペルシア兵は疲労したままの状態で決戦に挑むことになったのである。

第四部　ケーススタディ

兵力と布陣

マケドニア軍

　大王は敵が包囲戦術を仕掛けてくると見抜き、その対策を第一に講じていた。まず軍全体の配置であるが、シヴァンヌの指摘の通り（中空）方陣を組んで戦闘に挑んだ可能性が高い。今回の戦場はグラニコスやイッソスと違い、側面を守ってくれる障害はない上、ペルシア軍の戦列はマケドニア軍の数倍の長さに及んだ。この状況ではペルシア騎兵は意のままに回り込んでくる。よって、方形陣を組んで、敵が隙を見せるまで耐え忍ぶのが最善の策である。

　アッリアヌスはマケドニア軍の騎兵の配置を描写するのにEpikampenという言葉を使っている。この単語は「角度をつけて」と訳されるが、実は先に紹介した「牛角陣（Epicampion）」と同単語で、正確には「歩兵に対して直角」に並んでいるという意味になる。次に、ペゼタイロイの後方のギリシア傭兵についても、Phalanga amphistomonという単語を使っている。「ファランクスを二重に」などと訳されるが、実際には軍事用語「両面陣（Phalangia amphistomus：二口の密集陣）」のことで、前方の友軍と背中合わせになっているということである。また、彼らは「もしも戦友たちが囲まれたときには、反転して敵の攻撃を受ける」と命令を受けていた。つまり、敵が方陣の中に侵入したら、ギリシア傭兵は反転して味方の援護に向かうようにということである（もし、敵が軍全体を回り込んで背後から攻撃することを想定していたら「戦友たちが囲まれた時に」という言い回しにはならない）。アッリアヌスは軍人でもあることから、その単語は当時の軍事用語で解釈した方が良い。

　マケドニア軍は、左半分をパルメニオンが、右半分を大王が指揮していた。従って、指揮系統から見ると、マケドニア軍はコの字型の部隊二つが組み合わさったものと見ることができる。

■マケドニア軍の布陣

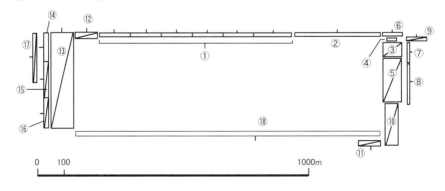

第2章 ガウガメラの戦い(前331年)

 部隊の寸法については、歩兵は幅、深さ共に90cm、騎兵は幅90cm、深さ2.5m、部隊間の間隔は歩兵3m、騎兵は部隊のサイズと同じとして計算した。
 部隊名前の数字は、部隊配置図の番号に対応している。

1．中央前面（総兵力12648人・正面幅1022.7m・縦深10.8m）

①：**ペゼタイロイ6個タクシス**（9456人・正面幅706.2m、縦深10.8m）
　1個タクシスは兵士・士官1536人（12段・128列）、員数外士官40人計1576人。部隊は右から、コイノス隊、ペルディッカス隊、メレアグロス隊、ポリュペルコン隊、アミュンタス（アミュンタス不在のため、シンミアスが指揮）隊、クラテロス隊の順に並ぶ。クラテロスはペゼタイロイ左半分3部隊の総指揮官でもある。

②：**ヒュパスピスタイ**（ニカノル指揮。3197人・正面幅316.5m、縦深7.2m）
　3個キリアルキアからなり、最右翼に精鋭部隊（ヒュパスピスタイ・バシリコイ）が並ぶ。1個部隊は兵士・士官920人（8段・115列）、員数外士官40人の計960人。

2．右翼（推定兵数4936人、正面幅153.3m、縦深235.2m）

③：**王室イレ**（アレクサンドロス直卒。288騎・正面幅69.3m、縦深45m）
　アレクサンドロスとクレイトスによって指揮されたとある。通常の倍の8個部隊からなり、クレイトス、グラウキアス、アリストン、ソポリス、ヘラクレイデス、デメトリウス、メレアグロス、ヘゲロコスによって指揮された。大王自身が指揮する部隊がさらに1部隊加わるかもしれない。
　上記の兵数やスペースは、8個楔形隊列が横4列、縦2段に並んだとして計算した（1個部隊は9.9×15m）。

④：**ヒュパスピスタイ・バシリコイ**
　（ヘファイスティオン指揮？317人、正面幅35.1m、縦深7.2m）
　王室イレの前方。兵士・士官312人（8段・39列）、員数外士官5人の計317人。

⑤：**ヘタイロイ**（フィロタス指揮。864騎・正面幅69.3m、縦深165m）
　王室イレの後方に並ぶ。6個イレからなり、4個部隊が縦6列に並ぶとした。

⑥：**アグリアネス族、弓・投槍隊**
　（バラクロス指揮。推定616人、正面幅69.3m、縦深7.2m

247

アグリアネス兵と弓、投槍兵の混成部隊。ヒュパスピスタイ・バシリコイの前方。弓兵や投槍兵は、後述のアッタロス隊の兵士であるマケドニア弓兵の半分かもしれない。王室イレに対する位置関係から、幅77列、縦深8段の616人とした。

⑦：**アグリアネス族とマケドニア弓兵**

（アッタロス指揮。推定616人、正面幅69.3m、縦深7.2m）
アグリアネス兵とブリソン指揮下の弓兵からなり、王室イラとヘタイロイの右隣に並ぶ。アッリアヌスによると、横を向いて布陣していた。
兵力やサイズはバラクロス隊と同程度の戦力と仮定した。

⑧：**ベテランギリシア傭兵**

（クレアンドロス指揮。推定1360人、8列170段。正面幅7.2m、縦深153m）
軽装歩兵と思われる。アッタロス隊の後方に並び、横を向いて布陣。この部隊とアッタロス隊が、王室イレとヘタイロイの側面をカバーしていたと仮定し、縦深170段（153m）とした。

⑨：**軽騎兵とパエオニア騎兵**

（アリストン指揮。144騎、正面幅69.3m、縦深15m）
おそらく1個イレ。アッタロス隊の前方と思われる。

⑩：**プロドロモイ**（アレタス指揮。648騎、正面幅49.5m、縦深165m）
1個約100（108）騎のイレ6個。各イレは3個部隊からなる。おそらくヘタイロイの後方に位置していた。

⑪：**ギリシア傭兵騎兵隊**

（メニデス指揮。推定300騎、正面幅81m、縦深15m）
ペルシア侵攻直後のギリシア騎兵隊600騎の半数。10列6段の方形隊列で、5部隊に分かれていた可能性がある。
この部隊は、敵が右翼側面を突いてきたら、反転して敵の側面を攻撃するように命令されていたことから、軍背面、プロドロモイとギリシア人傭兵隊の間に位置していたようだ。

3．左翼（総兵数2208人以上）

左翼の部隊配置は、意図的に右翼のものと対称になっている。

⑫：**ギリシア傭兵騎兵隊**

（エリュギュイウス指揮。300騎、正面幅81m、縦深15m）

ペゼタイロイの左隣に配置。右翼のギリシア傭兵騎兵隊と同数、同編成であると思われる。位置的には、右翼におけるヒュパスピスタイの位置にあたる。

⑬：**テッサリア騎兵**
（パルメニオン、フィリッポス指揮。1980騎、正面幅89.1m、縦深315m）
エリュギュイウス隊の左隣に位置する左翼の主力。フィリッポスが総指揮官だが、ファルサルス部隊はパルメニオン直属。菱形隊列をとっており、ファルサルス隊は10個部隊、その他のイレは5個部隊からなる。菱形隊列のサイズは9.9×15m。

⑭：**トラキア人部隊**（シタルケス指揮。兵数不明）
横を向いて並ぶ。右翼のアッタロス隊に相当し、テッサリア騎兵の左隣に位置する。

⑮：**ギリシア同盟軍騎兵隊**（コイラノス指揮。兵数不明）
ギリシア諸都市から徴収した軽騎兵。トラキア人部隊の左隣に位置した。

⑯：**オドリュシア騎兵隊**（アガトン指揮。兵数不明）
中央平原を根拠地とし、前5世紀には民族をほぼ統一する大王国を建設した、トラキア最強の部族。おそらく重騎兵。コイラノス隊の後方に位置する。

⑰：**ギリシア傭兵騎兵隊予備**（アンドロマコス指揮。兵数不明）
シタルケス隊、コイラノス隊の前面をカバーする。

4．背面（総兵数15040人、正面幅1109.7m、縦深7.2m）

⑱：**ギリシア人傭兵隊**
（指揮官不明。15040人、正面幅1109.7m、縦深7.2m）
兵数不明だが、ペゼタイロイ、ヒュパスピスタイ、エリュギュイウス隊（ギリシア傭兵騎兵隊）と同じだけの幅に展開していたと思われる。二つの部隊に分かれており、左はパルメニオン、右はアレクサンドロスによって指揮されていた。よって、中央前面の部隊と同幅に布陣したとしたら、正面幅1233列、縦深8段で総兵数9864人となる。

5．野営地

トラキア人歩兵隊（指揮官不明。兵数不明）
詳細はまったくの不明だが、後の戦闘経過を見ると少なくとも1000人以上はいたと思われる。

ペルシア軍

　ペルシア軍の布陣は、王のテントから発見された編成命令書を参考にしているという。これによると伝統の5軍編成ではなく、中央、左右両翼の3軍編成を採用している。

　ペルシア中央軍がマケドニア軍右翼にいるアレクサンドロスの正面に来たという記載があり、簡単な計算でも正面幅は8km近い。グラニコスやイッソスでの経験から、迂回攻撃を阻止するために幅を大きくとったのだろう。

　ダリウスの包囲攻撃のアイデア自体はイッソスの戦いと同様だが、今回は片翼だけでなく、両方からの同時攻撃を目論んでいた。敵軍を包囲して防戦に追い込み、騎兵を封殺すれば、敵は攻撃手段を失う。この布陣を見る限り、ダリウスは先の敗戦の教訓を学んで対策を練っていたのは明白であり、彼が勝利を確信していたのも頷ける。唯一の誤算は、彼の相手がアレクサンドロス大王だったことだろう。

　しかし、ペルシア軍には重大な問題があった。彼らの大部分は、各地の総督が召集した兵士であり、部族単位、つまり部族長が指揮官となって戦うのだが、当然ながら彼らの優先事項はペルシア軍の勝利よりも、自分の部族の利益である。つまり彼ら徴収兵の大半は、勝ち馬に乗ることのみを考えていたのだ。ペルシア軍は常に膨大な数の兵士をそろえて戦いに挑むが、それは配下の兵士たちに勝ち馬に乗っていると思わせるための必要な処置であり、一旦情勢不利になると雪崩をうって崩壊するのである（マケドニア軍はマケドニア人を指揮官に据えることで、それを防いでいた）。

　ペルシア軍騎兵は40騎一単位で編成されていて、8列5段、5列8段、4列10段、10列4段などの方形隊列をとっていたとされる。

■ペルシア軍の布陣模式図

この図では部隊の並びを説明するもので、部隊の大きさや距離は正確ではない。が、それでもマケドニア軍と比べると圧倒的な大軍勢であることが見て取れる。マキビシは、バツ印の所に撒かれたと思われる。

第2章 ガウガメラの戦い(前331年)

1. 中央前列(ダリウス指揮)

I:王族騎兵団(ダリウス直卒。1000人以上)
ペルシア語でHuvakaと呼ばれる部隊。高位貴族の子弟によって構成されたペルシア最強の重装騎兵隊。乗り手だけではなく馬も鎧をつけ、近接戦だけでなく、弓による遠距離戦もこなす。本来の兵数は1万から15000騎で、1000騎ごとの部隊に分けられていたらしい。

II:リンゴ兵(指揮官不明。1000?人)
Arštibara(槍兵)と呼ばれる部隊のこと。有名な「不死隊(ペルシア語Amrtaka)」の後継部隊か、不死隊の中のさらに精鋭部隊。重装歩兵であり、黄金の石突のついた槍と弓、ディプロン型の盾を持つ。ペルシアの精鋭兵は勇敢さを示すために兜を着けなかった。王族騎馬隊の左隣に配置された。

III:ギリシア人傭兵団(グラウコス、パロン指揮。推定2000人)
ホプリテス。二部隊に分かれ、イッソスの時と同じくダリウスの王族騎兵団の左右に位置する。左翼はグラウコス、右翼はパロンが指揮したとされている。その配置から、ダリウスが彼らにかけた信頼がわかる。

IV:インド人騎兵(指揮官不明。兵数不明)
おそらく軽装騎兵。ギリシア人傭兵団右翼の右隣に布陣。

V:マルディア族弓兵(指揮官不明。兵数不明)
カスピ海の東、スキタイ人の南に住む民族。インド人部隊の隣と思われる。

VI:移住カリア人(ビュパレス指揮。兵数不明)
小アジア南西沿岸部の本拠地から中央アジアに強制移住させられたカリア人集落からの徴収兵。マルディア族部隊の隣。

VII:戦象、鎌戦車部隊(指揮官不明。象15頭、鎌戦車50両)
ダリウスの王族騎兵団の前方に位置。マケドニア騎兵がダリウスめがけて突撃してきた時の備え。

2. 中央後列(ダリウス指揮?)

中央後列の4部隊は縦深を深くとっていたという。

VIII:ウクシア族部隊(オクサトレス指揮?兵数不明)
この後に起こる戦いの舞台であるウクシア峡谷を中心に、ガウガメラから

ペルセポリスへと至る街道沿いの地域に居住する民族。おそらく最左翼に位置した。

IX：バビロニア人部隊（ビュパレス指揮？兵数不明）
ウクシア族の隣に位置。

X：紅海沿岸の諸部族（指揮官不明。兵数不明）
オコンドバテス族、アリオバルザネス族、オルクシネス族などの諸部族で、バビロニア人部隊の隣に位置。

XI：シタケニア族部隊（ビュパレス指揮。兵数不明）
紅海沿岸部族隊の隣に位置。

3．右翼（マザエウス指揮）

XII：シリア人、メソポタミア人部隊（マザエウス指揮。兵数不明）
おそらく軽騎兵。最左翼に位置。

XIII：メディア人部隊（アトロパテス指揮。兵数不明）
おそらく軽騎兵。マザエウス隊の右隣に位置。

XIV：パルティア、サカ族騎馬弓兵隊（マウアケス指揮。兵数不明）
後にローマ最大の敵となるパルティア族とその近隣のスキタイ系サカ（サカイ）族の部隊。共にイラン東方のステップ地方の部族。メディア人部隊の右隣。

XV：タプリア、ヒュルカニア族部隊（フラタフェルネス指揮。兵数不明）
タプリア族は、現在マザンデラニ人と言い、カスピ海南岸付近に居住するペルシア系民族。ヒュルカニア族もまたカスピ海南岸の部族。豹やトラが多数生息する危険地帯に暮らし、タフな人間の代名詞として知られた。パルティア、サカ族部隊の右隣に位置。

XVI：アルバニア、サケシニア族部隊（指揮官不明。兵数不明）
カスピ海東岸地帯にすむ民族で、カフカス・アルバニア人ともいう。タプリア、ヒュルカニア族部隊の右隣に位置。

XVII：アルメニア人騎兵隊（オロンテス指揮。兵数不明）
黒海とカスピ海の間、アルバニア人の南に居住する民族。

XVIII：カッパドキア人騎兵隊（アリアケス指揮。兵数不明）
奇怪な形状の岩山が有名な小アジア中央部の山岳地帯に住む民族で、精

強なことで知られた。アルメニア人騎兵隊の右隣。

XIX：**鎌戦車隊**（指揮官不明。50両）
アルメニア人部隊とカッパドキア人部隊の前面に配置。

4．左翼（ベッスス指揮。18100人以上、正面幅3188.5m以上）

XX：**バクトリア騎兵隊**
（ベッスス指揮。8000騎、正面幅895.5m、縦深60m）
右翼の要となる部隊。この部隊だけでマケドニア軍の全騎兵を超える兵力と正面幅の3分の2を占める。8段縦深の部隊が横一列に並ぶと、1795.5mにもなるため、2段に並んでいたとしてサイズを計算した。なお、ベッススは、後に逃亡中のダリウスを殺害したため、大王によって耳と鼻を削ぎ落され、磔にされた。

XXI：**ダアイ族騎兵**
（指揮官不明。1000騎、正面幅220.5m、縦深20m）
ダナイ、ダハイとも。カスピ海東岸部のスキタイ系部族。バクトリア騎兵隊の左隣。

XXII：**アラコシア族騎兵**
（バルサエンテス指揮。兵数2000騎、正面幅445.5m、縦深20m）
バクトリアの南、現アフガニスタン南部の部族。ダアイ族部隊の左隣。

XXIII：**ペルシア人部隊**（指揮官不明。兵数不明）
騎兵と歩兵の混合部隊。アラコシア族部隊の左隣。

XXIV：**スーサ族騎兵隊**
（指揮官不明。2000騎、正面幅445.5m、縦深20m）
現イラン南西部の部族で、アケメネス朝ペルシア帝国の首都スーサがあった。ペルシア人部隊の左隣。

XXV：**カドゥシア族騎兵隊**
（指揮官不明。兵数2000騎、正面幅445.5m、縦深20m）
カスピ海南西沿岸の山岳地方に居住する民族。スーサ族部隊の左隣。

XXVI：**スキタイ族騎兵**
（指揮官不明。兵数2000騎、正面幅445.5m、縦深20m）
カスピ海沿岸部に居住する一大民族。馬まで武装した超重装騎兵部隊。

XXVII：バクトリア騎兵隊
（指揮官不明。兵数1000騎、正面幅220.5m、縦深20m）
前述のバクトリア騎兵とは別の部隊で、スキタイと同じく超重装騎兵で編成されていた。

XXVIII：鎌戦車（指揮官不明）
100両。おそらくバクトリア騎兵隊の左隣。

 両軍の意図

マケドニア軍の目標は、包囲の阻止と、ダリウスの撃破（戦死または捕縛）の二つである。大王は、勝ち馬に乗れないと戦えないペルシア兵の弱点を見抜いており、ダリウスが墜ちれば敗走すると正確に予知していた。

マケドニア軍が主力の右翼騎兵で自分を直接狙ってくることを読んでいたダリウスは、圧倒的兵数で敵軍を包囲して主導権を奪った後、鎌戦車で敵隊列に穴を開け、そこに集中攻撃を仕掛けて一気に勝負を決する短期決戦型の戦法を採用した。軍を広く展開することにより、敵の迂回機動を阻止し、ダリウス本人を狙った攻撃はマキビシや戦象・戦車で防ごうとしたのだろう。そう考えると、中央の鎌戦車と戦象が何の活躍もしなかったことや、ダリウスの速すぎる逃亡も説明できる。

 戦闘

1．序盤

大王は、敵を撃破するためには、敵の陣列に穴が開くのを待つか、それとも回り込むかしかないと考えていた。しかし、待っていたからと言って敵の陣列に穴が開くというという保証はない。一か八かの突撃でダリウスを直接狙うという手も、対策されている。

そこで、大王は軍全体を斜め右に前進させた。方形陣を移動要塞として敵の包囲攻撃を耐えつつ、騎兵が敵軍を迂回できる位置まで横へと移動しようとしたのだ。

右へと進むマケドニア軍を見たダリウスは、その動きを止めるべく両翼の部隊に攻撃を命令、それに続いて左翼鎌戦車部隊の突撃を命じた。

この時、最初に攻撃を開始したのは、ペルシア軍右翼であった。ペルシア軍はパルメニオン指揮する左翼を側面から攻撃。その一部はマケドニア軍を通り過ぎて後方の野営地へと向かった。パルメニオンはこれを見て、野営地防衛のための援軍

第2章　ガウガメラの戦い（前331年）

要請をしたが、大王はこれを拒否し、右への移動を継続した。

　もしもマケドニア軍の左翼が、ペルシア軍の攻撃に対処するために動きを止めてしまうと、右へと移動を続ける右翼に引っ張られる形で軍中央が伸び切り、ペゼタイロイの各タクシスの間が危険なほど開いてしまう。パルメニオンは敵騎兵の波状攻撃に対処しながら、必死にアレクサンドロスの動きについていこうとする。しかし、両者の間隔はじりじりと開いていった。

　ペルシア左翼が行動を開始した時、マケドニア軍右翼は、ペルシア軍左翼の正面までに達していた。ペルシア軍左翼もまた、鎌戦車が攻撃できるようにマケドニア軍の側面に回り込んで動きを止めようとする。このままマケドニア軍を放っておけば、軍中央に致命的な間隙が生じるのだが、距離による状況把握の限界や、マケドニア軍が整地エリアを抜けて鎌戦車がうまく使えなくなるかもしれないという懸念。そして何よりも、過去に迂回攻撃で敗北した記憶が、ペルシア軍の攻撃を促した。

　ペルシア軍左翼の巻き上げる砂煙が、自軍の横に回り込もうと動いているのを見たアレクサンドロスは、メニデス指揮下のギリシア人傭兵騎兵隊に敵部隊を攻撃、動きを止めるように命令する。ギリシア人騎兵隊は攻撃を開始するが、ペルシア軍最左翼のスキタイ、バクトリア部隊により、あえなく敗走した。

　それを見た大王は、アリストン隊（軽騎兵とパエオニア騎兵）に反撃を命令した。ギリシア人部隊を追撃中のスキタイ・バクトリア部隊は、連携が取れないままに側面を突かれて敗退してしまう。しかし、ここでまた状況は一転する。ペルシア軍左翼総指揮官のベッススが、指揮下のバクトリア騎兵8000騎を率いてアリストン隊を攻撃

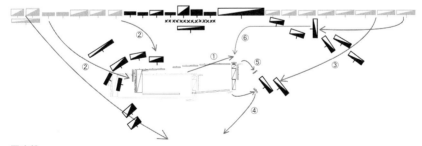

■序盤

①：マケドニア軍が右前方へと移動。②：マケドニア軍を止めるべくペルシア軍右翼が攻撃開始。右翼の一部は後方の野営地へ向かう。③ペルシア軍左翼、包囲機動を開始。④：ギリシア人傭兵騎兵隊がペルシア軍左翼を迎撃するが、スキタイ、バクトリア部隊に撃破される。⑤：ギリシア人傭兵騎兵隊を追撃するスキタイ、バクトリア部隊を、アリストン隊が撃退する。⑥：鎌戦車隊、王室イレに突撃をかけるが撃破される。

したのだ。20倍以上の兵数差に加え、馬まで鎧を着た完全武装の重装騎兵にひとたまりもなく敗走するアリストン隊を見て、敗走中のスキタイ・バクトリア部隊も体制を立て直して追撃に参加した。これを見て、プロドロモイが迎撃に参加した。数は648騎と敵軍の15分の1程度だが、追撃のため敵が隊列を乱していたのか、それとも鈍重な敵の側面をうまく突けたのか、6個イレの波状攻撃によって敵部隊を押し返すことに成功するのである。バクトリア部隊の敗退を見たペルシア軍左翼は一斉に敗走を始め、追撃するプロドロモイによって多数が打ち取られた。

プロドロモイたちが激戦を繰り広げる中、鎌戦車が戦闘に入った。左翼の鎌戦車は、不整地エリアと騎兵の戦闘を避けるために一旦右へと移動し、アレクサンドロス隊へ正面から突撃するものの、王室イレの正面を守るアグリアネス部隊により撃退され、なんとか突破した数両の戦車も、従者やヒュパスピスタイ・バシリコイに打ち取られ、1両も大王の所まで到達できなかった。

2．ペルシア軍総攻撃

このころダリウスの眼には、マケドニア軍の両翼に立ち上る巨大な砂煙が見えていた。その一方で、マケドニア軍中央から立ち上る砂塵は、彼らが歩みを緩めたため、ゆっくりと静まっていく。ダリウスには、正に思い描いていた絶好の機会が到来したと感じられただろう。彼の命令により、軍中央が前進する。

マケドニア軍中央のペゼタイロイとヒュパスピスタイは防御態勢を取ろうとするが、無理な進軍が祟って部隊間に間隙が生じていた。特にシンミアス隊（左から二番目）とその右隣との間隔は危険なほどだった。彼らはペルシア軍の攻撃により、残りの4部隊についていくことができなかったのだ。

この間隙にインド騎兵とペルシア人（マルディア人と移住カリア人）部隊が突入、そのまま一直線に駆け抜けてギリシア人傭兵隊を通り過ぎ、野営地へと向かっていった。彼らがギリシア人傭兵隊を素通りできたのは、彼らの間にも間隙が開いていたためだ。ペルシア兵の常識では、この状況で敗走しない軍など考えられなかったので、攻撃よりも略奪を優先したのだろう。しかし、彼らの常識に反して、マケドニア軍は踏みとどまった。

その他の部隊（特にギリシア人傭兵部隊）は戦闘に入らず、ダリウスの隣に待機していた。ダリウスの守護が任務だったからだ。彼らは、大王が一発逆転を狙ってダリウス本陣に突っ込んでくると確信していた。そして、その予想は彼らの想像を超える形で的中することになる。

ペルシア軍中央が前進し始めるころ、マケドニア軍の右翼に新たな動きが起きていた。バクトリア部隊が攻撃のために隊列を離れたので、ペルシア軍の中央付近に大きな穴が開いてしまったのである。それを見過ごす大王ではなく、敵の注意を引

き付けるべくペゼタイロイたちに前進を命じると同時に、右翼の兵力をかき集めてダリウス本陣に渾身の一撃を加えようとしていたのだ。アッリアノスによると、王室イレは楔形陣列を作ったと述べている。これは王室イレに属する部隊が、アグリアネス族部隊の前に出てΛ字型に並んだものである。騎兵の間に挟まれる位置には、アグリアネス族やヒュパスピスタイ・バシリコイなどの歩兵部隊がサポートとして布陣したのだろう。

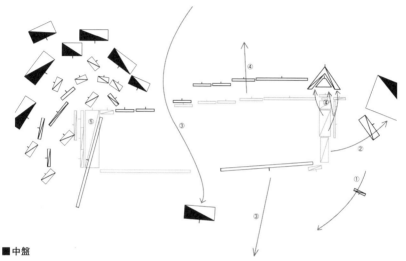

■中盤
①：ペルシア軍左翼主力のバクトリア騎兵部隊の攻撃でアリストン隊が敗退。②：プロドロモイがバクトリア部隊を迎撃、戦闘開始。③：ペルシア軍中央が攻撃を開始。インド、ペルシア人部隊が軍中央を突破し、野営地に向かう。マケドニア軍後衛のギリシア傭兵部隊が野営地救援に移動開始。④：大王はペゼタイロイとヒュパスピスタイに前進を命じると共に、右翼の残存勢力を楔形陣に編成し、最終決戦に備える。⑤：マケドニア軍左翼は敵部隊の攻撃を食い止め、撃退する。この図では、ギリシア傭兵部隊が騎兵を護衛しているが、これはまったくの想像である。

3．決着

　大王率いる王室イレと右翼の各部隊が、一斉にペルシア軍の間隙に突入した。前進中のヒュパスピスタイとペゼタイロイの脇を走り抜け、間隙から敵ギリシア傭兵隊の後方へ抜け、そのまま一直線に斜め後方からダリウス隊へと突入した。軍の配置から、マケドニア兵の直撃を受けたのはリンゴ兵部隊であったと思われる。リンゴ兵と一部の王族騎兵団はマケドニア軍に果敢に立ち向かうが、この時のために配備した虎の子の戦車や戦象（とマキビシ）は、裏をかかれて何もできず、頼みのギリシア傭兵隊もあっさり素通りされて本陣を急襲されたダリウスは逃走。戦いは実質的に終わりを告げた。

第四部　ケーススタディ

　ほぼ同時刻、後方の野営地ではペルシア軍と野営地防衛隊のトラキア人部隊との間で戦闘が行われていた。不意を突かれた上に野営地中の捕虜までもがトラキア人に襲い掛かり、このままでは野営地が陥落するかと思われたころ、軍後衛のギリシア人傭兵隊がペルシア軍を後方から襲撃、敗退させた。

　ダリウスを敗走させた大王は、すぐに追撃をあきらめ、友軍の救援に向かった。この追撃中止はパルメニオンによる救援要請が原因としているが、ペルシア軍中央の第二陣がまだ無傷で残っていることを考えると、最初の一撃でダリウスを撃ち漏らした時点で、彼には追撃する意志は残っていなかったのだろう。

　踵を返してパルメニオン救援に向かおうとした大王は、マケドニア軍野営地襲撃に失敗し敗退するインド、ペルシア人部隊と正面衝突してしまった。ペルシア軍には、敵部隊を中央突破するしか生きる道は残されていない。死に物狂いで道を切り開こうとするペルシア軍との激戦で60騎を超えるヘタイロイや王室イレの精鋭が命を落とし、ヘファイスティオン（おそらくヒュパスピスタイ・バシリコイ司令官）、メニデス（右翼ギリシア人騎兵隊指揮官）が負傷したという。

　大王たちがインド、ペルシア人相手に苦戦している頃、パルメニオン率いるテッサリア騎兵隊の活躍と、ダリウス逃亡の知らせが広まり、ペルシア軍右翼も遂に敗走。全軍総崩れとなって敗北した。アレクサンドロスは敗軍を追って次の河（大ザブ河）

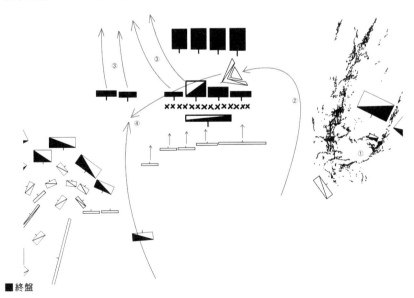

■終盤

①：プロドロモイがバクトリア部隊を撃破、ペルシア軍左翼が撤退に入る。②：マケドニア軍右翼が、ペルシア軍中央部隊を後方から攻撃、撃破する。③：ペルシア王ダリウス撤退。それに合わせてペルシア軍中央が敗走を開始する。④：マケドニア軍右翼とインド、ペルシア人部隊が正面衝突、今会戦最大の激戦が繰り広げられる。

まで追撃。一方のパルメニオンはペルシア軍野営地を占領し、戦場の後始末を行った。

　マケドニア軍の死傷者は、アッリアヌスによると兵士100人、馬1000頭(半数はヘタイロイの馬)。ディオドロスは死者500人、負傷者多数。クルティウスは死者300人以下としており、兵士全体の1%前後の死者が出たとしている。特筆すべきは馬の死亡数が桁外れなことで、騎兵隊がどれほどの激戦を繰り広げたか見て取れる。
　ペルシア軍の死者は、誇張がひどく、信頼できる数字はないが、戦闘の状況から死者数千から数万、捕虜も同程度であったと思われる。

　この戦いにより、ペルシア王国は崩壊、以降ほとんどの部族は戦うことなくマケドニアの軍門に下ることになる。ダリウスは逃走中、バクトリア総督のベッススに殺害され、アケメネス朝ペルシア王国220年の幕がここに下りた。

第3章 マグネシアの戦い（前190／189年）

状況解説

　エジプトからシリアを奪い取ったセレウコス朝のアンティオコス3世（大王）は、次の目標をヨーロッパに定めた。第二次ポエニ戦争でカルタゴを下し、地中海有数の強国となったローマの影響下からギリシアを独立させるという名目で大王はギリシアに侵攻するも、第二次テルモピュライの戦いで敗北、小アジアに撤退した。

　止めを刺すべくローマは執政官ルキウス・コルネリウス・スキピオ（小スキピオ）を指揮官とする4個軍団を派遣する。が、実質的な司令官は、顧問として同道した弟のププリウス・コルネリウス・スキピオ・アフリカヌス（大スキピオ）であった。小アジア上陸直後、聖盾アンシリウムの神官であった大スキピオが聖盾祭に参加するため一時帰国、ローマ軍は彼が帰還するまで、少なくとも4、50日もの間、上陸地点で待機することになった。

　この無意味な時間の浪費は、セレウコス海軍に捕縛された次男ルキウスの解放交渉のためであった。事実、彼の留守の間に大王の特使がローマ軍を訪れているが、現地の執政官を無視して大スキピオが帰還するまで交渉を行っていない。帰還した大スキピオは、大使から提示された賄賂と息子の解放という条件を一蹴したといわれている。が、実際には息子の解放を条件に軍から離脱することで合意していた。

　交渉決裂後、ローマ軍は海岸沿いに南下、ペルガモンに到着する。ここで、大スキピオは事前の合意通りに病に倒れ、グナエウス・ドミティウス・アヘノバルブスを代理に任命した後、南約25kmにある都市エレアで静養に入った。ローマ軍はペルガモンから東へと進み、ヒュルカニア平原の都市ティアテイラ（現アクヒサル）近郊のセレウコス軍に向かうが、ローマ軍の接近を知ったセレウコス軍は南へと移動する。ローマ軍は敵を追跡、マグネシア近郊でセレウコス軍を補足した。

　記録によると、大王はスキピオの病の知らせを聞くと無条件で人質を解放し、エレ

第3章 マグネシアの戦い（前190／189年）

アに送り届けた。大王の寛大さに感激したスキピオは「自分が来るまでローマと戦わないほうがいい」と忠告し、大王はそれを受け入れてマグネシアに移動したとされている。しかし、これには時間的に無理がある。戦いはローマ軍がマグネシアに到着後8日目に起こるのだが、この戦いに大スキピオは参加していない。彼のいるエレアからマグネシアへは2～4日で到着できるが、彼の忠告（正確には「私直々に『感謝の意』を伝えてやるから首を洗って待っていろ」という処刑宣言）の伝達速度、軍の移動時間などを考慮するとスキピオの移動が遅すぎるのだ。

　実際の所は、スキピオが離脱したことを知った大王は、人質を北回りでエレアに送りだし、軍を南下させてマグネシアに着陣する。道中ローマ軍とすれ違った人質がエレアに到着するのに5～7日かかるので、スキピオがローマ軍に合流すべく出立した時点で、決戦までに残された時間は2,3日程度であったろう。しかも、スキピオはおそらく両軍が南下したことを知らないため、エレア→スミュルナ→マグネシアの最短ルート（85km、2～4日）ではなく、エレア→ペルガモン→ティアテイラ→マグネシア（155km、5～7日）の北回り迂回ルートをとった可能性が高く、決戦に間に合わない。当代最強の将軍を引きはがす作戦は完全に成功していた。しかも、ローマ軍は大王の仕掛けた更なる罠に完全に嵌っていたのである。

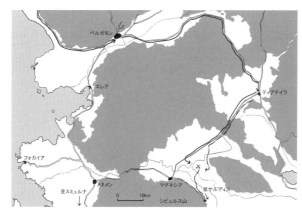

■マグネシアとその周辺
矢印は両軍の移動経路。

　マグネットの語源であるマグネシア（正式名マグネシア・アド・シピュルム、現マニサ）は、スミュルナの北西65kmの所にあるシピュルス（現スピル山）山麓の都市で、磁石が特産品である。都市の北にはヘルモス渓谷が開けた平地が広がり、騎兵に適した地形になっている。大王が戦場に選んだ位置は、ヘルモス（現ゲディス）河とフリュギオス（現クム）河の合流地点で、両河がC字（正確には「ユ」を左右反転した形）を描く地点だ。大王軍はC字の開いた側に西向きに布陣し、ローマ軍は敵から約6.5kmの距離、フリュギオス河を挟んだC字の外側に布陣した。

第四部　ケーススタディ

　このまま2日が過ぎ去った。その間セレウコス軍は騎兵1000騎をはじめとする部隊を繰り出してローマ軍を攻撃するが、簡単に追い払われてしまう。それで自信を得たのだろう、3日目にローマ軍はフリュギオス河を渡り、C字の内側、敵から3.8kmの地点に野営地を築いた。この地点のC字の開口部の距離は、測ったかのようにローマ軍の正面距離に等しく、圧倒的な敵騎兵の側面攻撃を防げる絶好の位置だった。セレウコス軍は野営地から1km以上離れず、明らかに戦闘を避けているようだった。野営地を移動してから4日後、敵の戦意が低いと見たローマ軍は再び野営地を前進させる。新たな布陣位置はC字の外側で、河に守られるのは左翼のみであった。

　大王は亡命中のハンニバルからローマ軍の長所短所全てを教えられていた。ローマ軍指揮官は苛烈な権力争いに勝ち残るため、短い任期中にできる限りの手柄を挙げようと無理をする傾向にある。しかも彼は、偉大すぎる弟の影を歩み続けた男なのである。執政官という共和国の頂点に立つ役職にあるにも拘らず、弟の実質的な部下として扱われていた小スキピオは、弟が戻る前に何としても勝利を得る必要があった。大王は、ローマ軍は決戦に焦っており、多少の不利は目を瞑って攻撃してくると見抜いていたのだ。

　そのための仕掛けも完璧であった。大スキピオを軍から引き剥がした後、逃げるかのように南下して、大スキピオとの距離をとりつつ、弱気ぶりを見せかける。さらに、小勢を繰り出しては敗退させることで弱兵の印象を与え、野営地から離れない逃げ腰の構えも見せた。しかも、敵は朝日と正対する東向きに布陣する上、C字に流れる河に三方を囲まれ、残り一方を敵に塞がれたローマ軍に逃げ場はない。圧倒的にローマ側有利に見える地形さえも周到に用意された罠であった。

■マグネシアの戦い当日までの動き

河の流路や野営地の位置などは文献などを基にした推測で、考古学的資料に基づかない。①：初期のローマ軍野営地。②：新しいローマ軍野営地と戦列（到着3日後）。③：決戦時のローマ軍野営地と戦列（到着7日後）。④：セレウコス軍野営地と戦列。

第3章 マグネシアの戦い（前190／189年）

 戦力と布陣

■布陣図

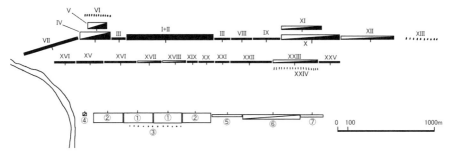

ローマ軍
（総指揮官ルキウス・コルネリウス・スキピオ、
総数30048人、正面幅2371.8m、縦深93m以上）

1. ローマ執政官軍団
（総数20048人、戦象16頭、正面幅1200m、縦深93m）

ローマ執政官軍団は、2個ローマ市民軍団（Legio I、IIIまたはII、IV）と2個ラテン軍団（Ala Latina Dextra、Sinistra）からなる。

①：ローマ市民軍団
（小スキピオ指揮。10000人。正面幅600m、縦深93m）
ローマ軍の中核で5000人の増強軍団である。軍団は前後4つの隊列に分かれ、前からウェリテス（1200人）、ハスタティイ（1600人）、プリンキペス（1600人）、トリアリイ（600人）の順に並ぶ。ウェリテスを除く各部隊はそれぞれ10のマニプルスに分かれ、マニプルスはさらに前後2つの百人隊に分かれる。百人隊は80人（と旗手とホルン手）からなり、10列8段に並ぶ。各兵士が占める幅は約130〜150cm、ここでは1パッスス（約150cm）とすると、百人隊の幅は15mとなる。マニプルスは正面幅と同じ間隔を開けて並ぶので、1個軍団の正面幅は20百人隊300mとなる。

兵士同士の間隔を150cm、ハスタティイなどの部隊同士の間隔を半百人隊として縦深を計算すると、重装歩兵全体で69m（ハスタティイとプリンキペスは1個百人隊12m、縦に二つ重ねて計24m、トリアリイは1個百人隊9m、部隊同士の間隔が計12m）となる。ウェリテスの場合、兵士の占める正面幅は重装歩兵と変わらないが、縦深は倍になっていたと仮定し、正面幅300m、縦深18m、ハスタティイとの距離6mとする。

ローマ軍の装備は、この時期には我々に馴染みのあるもの（グラディウスにピルム）に統一されていた（前280年にピュロスと戦った頃では、プリンキペスは槍を使っている）。例外は軽装歩兵のウェリテスと最後尾のトリアリイ（ピルムの代わりに槍）である。

②：**ラテン軍団**（10000人。正面幅600m、縦深93m）

ラテン都市から徴収された部隊。Alae Sociorumとも。各都市が供給するコホルス（ウェリテス120人、ハスタティイ160人、プリンキペス160人、トリアリイ60人の計500人と騎兵108騎）10個で構成される。この時期には彼らの装備はローマ兵とほぼ変わりなかったとされている。Alaは「翼」という意味で、ローマ軍団の左右側面を守った。

③：**戦象部隊**（16頭、48人）

アフリカ象部隊。大王軍のインド象に体格が劣り、使い物にならないと判断されたため、トリアリイ（ローマ市民軍団のことであろう）の後方に抑えとして配置された。戦象部隊以外の兵力の合計を、記録にある総兵力3万から引くと、残りは800となり、戦象1頭に軽装歩兵50人という理想値になる。戦象には象使い一人と兵士2人が騎乗した。

2. 左翼（総数120騎、正面幅18.9m、縦深25m）

④：**ローマ軍騎兵隊**

（ドミティウス指揮？。騎兵120騎。正面幅18.9m、縦深25m）

フリュギオス河に接する位置にあるため、4個トゥルマ（Turma）のみが配置された。1個トゥルマは騎兵30騎。10騎編成の十騎隊（十騎隊は便宜上の単位）3個からなる。十騎隊は十騎長（Decurio）、副官（Optio）、一般兵8騎で構成され、十騎長を先頭、副官を最後尾に縦一列に並んだ。従って1個トゥルマは幅2.7m、縦深25mとなる。最先任の十騎長がトゥルマを指揮した。

ローマ騎兵の装備は第二次ポエニ戦争時に重武装化したといわれている。

兜、鎧（リノソラックスやメイルなど）、盾、丈夫な槍と剣を持ち、重騎兵のように接近戦を好んだ。混戦になると下馬して戦う傾向があり、他の騎兵と比べて粘り強いとされている。

3．右翼
（エウメネス２世指揮。
総数7080人、正面幅1152.9m、縦深25m）

⑤：同盟軍歩兵部隊（総数3000人、正面幅337.5m、縦深7.2m）
エウメネスのペルガモン軍とギリシアのアカイア部隊。おそらく重装槍兵のペルタストであろう。縦深8段として計算したが、12段の可能性も高い。その場合の正面幅は225m、全軍の正面幅は2259.3mとなる。

⑥：ペルガモン・イタリア騎兵隊
（最大3080騎、正面幅590.4m、縦深25m）
記録では「3000騎以下」とされる。執政官軍団の騎兵は総数2400騎（ローマ各300騎、ラテン各900騎）なので、左翼の120騎を引いた2280騎（76個トゥルマ）にペルガモンの800騎（25個オウラモス）を加えた3080騎が最大数ということになる。ペルガモン騎兵には、名将フィロポイメンが訓練したアカイア騎兵100騎が含まれる。総数がわからないので正確な正面幅の計算はできないが、イタリア騎兵は410.4m、ペルガモン騎兵は180mが最大の正面幅となる。

⑦：トラリス人、クレタ人部隊
（総数1000人、正面幅225m、縦深14.4m）
トラリスは現在アイドゥンと呼ばれる小アジアの都市。傭兵で、両軍ともにかなりの数を雇用している。両部隊とも兵数は500人。この戦いの勝敗を決した部隊である。

4．後衛（マルクス・アエミリウス・レピドゥス指揮）

⑧：トラキア、マケドニア人部隊（総数2000人）
記録では「志願兵」とされている。おそらくマケドニア兵はフィリッポス５世から送られた重装槍兵の義勇兵。トラキア人は親ローマ派の志願兵。

セレウコス軍
(総指揮官アンティオコス３世、
総数６３５０６人以上、正面幅４３４６．７ｍ以上、縦深１００ｍ)

　セレウコス軍の布陣についての記述は、ローマ軍に負けず矛盾と混乱に満ちている。ただ、重装槍兵はローマ軍団と正対するように置かれたこと、右翼のスペースが限られていたことは確かである。リウィウスとアッピアヌスの記述を並べてみると、アッピアヌスはガラティア族騎兵とカタフラクトイを混同し、リウィウスは前衛部隊を両翼に配置していたことが見て取れる。

　兵数はローマをはるかに超える歩兵６万、騎兵１２０００騎以上とされ、正面幅もそれを反映して非常に長大である。今回の再現では他の研究者に比べてはるかに正面幅を短くとっているが、それでもローマ軍の倍近い。

1. 中央
(フィリッポス指揮、
総数２０５９４人、正面幅１２３８．３ｍ、縦深２８．８ｍ)

Ｉ：**ファランギタイ**(総数１６３８４人、正面幅４６０．８ｍ、縦深２８．８ｍ)
　　この戦いを分析する上で最初に躓くのが、彼らの布陣である。記録では彼らは５０列３２段の１０個メロスに分かれていたとあるが、これは当時の軍事理論とは矛盾する。部隊が３２段に整列したのは、ほぼ確実なので、５１２列をどう分けるかがカギとなる。最もあり得るのが、シンタグマ(１６列１６段２５６人)を横３、縦２に並べるブロック(計１５３６人)１０個で構成する方法で、ここではこの方法を採用する。余りが４個シンタグマ(１０２４人)出るが、これは両端の部隊に２個ずつ加えたのかもしれない。

II：**戦象**(フィリッポス直卒、総数２２頭、１２１０人、正面幅４４０ｍ)
　　重装槍兵のブロックの間と両脇には戦象が２頭ずつ配置された。これらの戦象は重装槍兵に接近するローマ軍を上方から攻撃するためのサポート用。この戦象には、通常通り軽装歩兵５０人が護衛につくものと思われる。機動のためのスペースを考慮し、１部隊の幅は２０ｍとした。

III：**ガラティア人歩兵**(総数３０００人、正面幅３３７．５ｍ、縦深７．２ｍ)
　　ツレオフォロイ。各１５００人の部隊が、重装槍兵の両翼に布陣した。

2．右翼
（アンティオコス3世指揮、
総数13644人、正面幅1411m、縦深140m以上。）

IV：カタフラクトイ（総数1500騎、正面幅312.5m、縦深60m）
　リウィウスは左右それぞれに3000騎としているが、アッピアヌスでは存在自体言及されていない。右翼のスペースや、ダフネ行進の時のカタフラクトイの数が1500騎であったことを考えると、カタフラクトイは総勢3000（3008）騎とするのが自然である。これは47個楔形隊列（底辺15騎8段の計64騎）に相当する。ここでは左翼24個隊列（1536騎）、右翼23個（1472騎）とする。この隊列が一直線に並ぶと、621mにもなり、スペースが足りない。よって2段に並んでいたと仮定し、前後列の間隔を隊列と同じ20mとした。

V：アゲマ
（アンティオコス指揮、総数1024騎、正面幅202.5m、縦深60m）
　王国東部の現イラン地方の民族出身者からなる国王親衛隊。アッピアヌスはガラティア人部隊の隣に置いているが、リウィウスは「カタフラクトイを援護する位置」としている。スペースの関係やリウィウスの言葉から、カタフラクトイの隣ではなく、後方に配置されたのだろう。16個楔形隊列からなり、スペースに合わせて前後2段とした。

VI：戦象（総数16頭、880人、正面幅320m）
　カタフラクトイとアゲマの後方に配置された。この配置から、大王は戦象を破城鎚代わりではなく、サポート役にしようとしていたことがわかる。

VII：銀盾隊（総数10240人、正面幅576m、縦深14.4m）
　重装槍兵と同様に、倍の縦深であった可能性がある。原文では隊列の両端を表す「角」という単語が使われているので、彼らがセレウコス軍最右翼の部隊であり、さらに他の部隊より前方に布陣していたらしい。

3．左翼
（セレウコス、アンティパトロス指揮、
総数10568人、正面幅1697.4m、縦深60m以上）

　セレウコスは大王の息子、もう一人は甥である。セレウコスは騎兵、アンティパトロスは歩兵部隊を指揮していたと思われる。

VIII：**カッパドキア人部隊**（総数2000人、正面幅225m、縦深7.2m）

カッパドキア王アリアラテス4世からの援軍。ツレオフォロイ。ガラティア人部隊の左隣。

IX：**諸民族部隊**（総数2696人、正面幅303.3m）

おそらくペルシアとその周辺からの召集兵。原文では2700人。

X：**カタフラクトイ**（総数1472騎、正面幅607.5m、縦深20m）

残りの23個部隊。左翼はスペースがあるので、横一列に並ぶと仮定した。

XI **ヘタイロイ**

（セレウコス指揮？総数1024騎、正面幅418.5m、縦深20m）

王国西部のシリア、リュディア、フリュギア地方の兵士からなる。リウィウスの記述を拡大解釈して、カタフラクトイの後方に並ぶとした。

XII：**ガラティア人騎兵部隊**

（総数2496騎、正面幅561.6m、縦深20m）

メイルを着こんだ重装騎兵部隊。おそらく8段縦深の方形隊列で並んだ。

XIII：**戦象部隊**（総数16頭、880人）

やや離れたところにいたとあり、ガラティア人部隊の隣で攻撃部隊のサポートをしていたのかもしれない。右翼と同様にヘタイロイ達の後方という可能性もある。

4．前衛部隊

（メンデス、ゼウクシス指揮。
総数18700人以上、正面幅2070.9m以上、縦深20m）

鎌戦車とラクダ兵以外、部隊配置はすべて推測である。リウィウスは指揮官の二人を中央部隊に加えていることから、前衛部隊は中央寄りに配置されていたと思われる。メンデスは左翼、ゼウクシスは右翼を指揮していたらしい。解説は右の部隊から順番に行う。

XIV：**キュルティア族投石兵、エリュマイス族弓兵隊**

（総数推定2000人、正面幅225m、縦深7.2m）

キュルティア族はペルシア人の一支族。エリュマイス族はペルシア湾北端、ザグロス山脈の麓付近の部族で、後に独立王国を建設する。

XV：ミュシア人弓兵隊（総数2500人、正面幅281.7m、縦深7.2m）
　小アジアプロポンティス海沿岸部の民族。

XVI：クレタ、トラリス人部隊（総数3000人337.5m、縦深7.2m）
　傭兵部隊。

XVII：ダアイ族騎馬弓兵（総数1200騎、正面幅270m、縦深20m）
　リウィウスなどはダハイと呼ぶ。8段縦深の方形隊列として正面幅を計算した。アッピアヌスは銀盾隊の側面に200騎の騎馬弓兵がいたとしているが、この200騎はダハエ族騎兵の分遣隊で、この位置にいるのは1000騎であったかもしれない。

XVIII：タラント騎兵（総数不明）
　傭兵部隊。おそらく1000～2000騎の間。

XIX：ネオクレタ人傭兵（総数1000人、正面幅112.5m、縦深7.2m）
　名前は仰々しいが、新規雇用されたクレタ人傭兵部隊のこと。当然弓兵である。

XX：カリア人、キリキア人部隊（1500人、正面幅169.2m、縦深7.2m）
　カリア人は小アジア南西部、キリキア人は小アジア南岸の民族。クレタ人と同様の装備をしていた。

XXI：トラリス人部隊（1500人、正面幅169.2m、縦深7.2m）

XXII：ペルタスト（4000人、正面幅450m、縦深7.2m）
　小アジア南部のピシディア、パンピリア、リュディアからの軽装歩兵。

XXIII：ラクダ兵部隊（兵数不明）
　左翼のカタフラクト、ヘタイロイ部隊の前面に位置した。武装は第3部を参照。正面幅から推測し、ペルタストとキュルティア、エリュマイス隊の間に入れた。

XXIV：戦車（兵数不明）
　ラクダ隊の前面に位置した。

XXV：キュルティア族投石兵、エリュマイス族弓兵隊
　（総数推定2000人、正面幅225m、縦深7.2m）
　最左翼の部隊。兵数は右翼のものと同じ。

両軍の意図

　ローマ側は正面攻撃で勝敗を決しようとしていた。軍団兵が重装槍兵とガラティア人部隊を粉砕すると同時に、右翼に集中させた騎兵隊で敵左翼を撃破するというものだった。一見無謀に見えるが、ローマ軍は自らの質的・士気的優勢を確信していた上、騎兵戦での勝算は低いと思っていた。また、敵を正面撃破することがローマ軍団の戦い方なのだから、スキピオたちにしてみれば、十分に勝算があったのだろう。

　一方、大王は重装槍兵でローマ軍団の正面攻撃を受け止め、その間に両翼の騎兵で敵騎兵隊を撃破、一気に回り込んでローマ軍を包囲殲滅するという、カンネーの戦いと同じ戦術をとった。状況もよく似ている。カンネーの時は、自軍を過大評価したローマ側が中央突破を狙って失敗したが、今回は敵を過小評価したローマ軍が中央突破を狙う。しかし、今回の相手は縦深を深め、念を入れて戦象まで配置した重装槍兵である。さらに、敵騎兵と対峙する左翼には、騎兵が最も苦手とする鎌戦車とラクダ兵、戦象（馬はラクダや象の匂いを本能的に嫌う）の三段構えで臨み、万に一つの間違いも起こらないようにしていた。

　これらを見ても、歴戦の大王が二枚も三枚も上手であったことがわかる。大王は、ローマ側指揮官の性格や意図を見抜いており、その対策も完璧だった。一方、小スキピオは敵軍の性質や意図を完全に無視した独りよがりな戦闘計画を立てている。彼の必勝の信念は、ローマ人はどの民族よりも強いという偏見と、敵の戦意が低いはずだという希望的推測の上に成り立っており、冷静な分析と熟慮の上の結論ではなかった。ローマ側で危機感を持って戦場に臨んでいたのは、敵をよく知るペルガモン王エウメネスのみであり、彼がいなければ、マグネシアの名前は第二のカンネーとして歴史に刻まれていたことだろう。

 戦闘

1. 序盤

　戦の勝敗は、始まる前に既に決まっているといわれる。それならば、この段階では、勝利は間違いなくセレウコス軍のものであった。が、運命の女神の悪名高い気まぐれさがここで発揮された。

　この日、両軍は夜明け前に野営地を出、陣形を組み始めた。季節特有の霧が、南からの風に乗ってあたり一帯を覆い尽くし、朝露となって全てを湿らせていく。湿

第3章 マグネシアの戦い（前190/189年）

気は弓の最大の敵である。弦や複合弓本体に使われる腱は、濡れると柔らかくなり、その用を為さなくなる。さらに霧が視界を狭めるため、弓兵が狙いを付けることが困難になり、セレウコス軍の誇る弓兵の能力は大きく減じることになった。

ローマ軍右翼を任されていたエウメネスは、この霧を利用して、敵戦車隊に先制しようと、自軍最右翼のトラリス、クレタ人軽装歩兵と軽騎兵に、戦車の反撃を受けないよう、できる限り散開して攻撃するように命じた（この文章から、軽装歩兵たちは、通常ある程度固まって行動していることがわかる）。

霧に隠れて接近した軽装歩兵たちの攻撃で傷つき、暴れだす馬に戦車は制御不能となり、そのまま後方のラクダ兵部隊に突入してしまう。味方であるはずの鎌戦車の突撃を受けたラクダ兵も大混乱に陥り敗走、後方のカタフラクトイやガラティア騎兵などの戦列に突っ込んでいった。

霧のため、右翼のアンティオコス大王は反対側で何が起こっているのか掴めていなかった。予定通りに鎌戦車隊が敵騎兵を蹂躙しているものと考えた彼は、前衛部隊に攻撃命令を出し、直卒の騎兵隊を前進させる。軽装歩兵とウェリテスによる前哨戦の様子は記録に残っていない。弓兵に勝るセレウコス軍であるが、結露のため弓が劣化しており、湿気の影響を受けないウェリテスの投槍に苦戦を強いられたと思われる。また、霧のためにかなり接近する必要があったため、ウェリテスに肉弾戦を挑まれる部隊もあったことだろう。この時点ではローマ側が有利に戦いを進めていたはずだ。だが、軽装部隊の後方では、カタフラクトイやアゲマが展開を始めていた。

■序盤
①：エウメネス配下の軽装歩兵隊が、霧に隠れて敵戦車部隊を攻撃。戦車部隊は混乱して後方に壊走、進路上の味方部隊を大混乱に陥らせる。②：左翼の悲劇を知らない大王の命令により、前衛部隊がローマ軍のウェリテスと戦闘を開始する。③：前衛部隊の背後で、大王直卒の重装騎兵対が展開を開始。

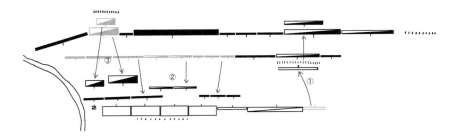

2. ローマ軍団の壊走

　軽装歩兵の背後で展開を終了したセレウコス重装騎兵隊は、薄れゆく霧をかき分けて攻撃を開始した。ローマ軍左翼の騎兵隊を一瞬で敗走させた重装騎兵隊は、続いてその隣のラテン軍団と市民軍団に正面と左側面から同時に突入する。3つの部隊が縦に連なり、相互支援するローマ軍団は、他の追従を許さない耐久力と適応力を誇るが、正面と側面からの同時攻撃を受けてひとたまりもなく敗走した。
　ラテン軍団と市民軍団の一部を壊走させた大王は、ここで痛恨のミスを犯す。敗走するローマ軍を追ってそのままローマ軍野営地へと向かっていったのだ。大王自身18年前のラフィアの戦いで同じ間違いを犯しているのにである。通説では興奮状態の大王による判断ミスとされているが、著者は別の理由があると考える。まず、大王は左翼が順調に敵を蹴散らしていると考えており、敵中央を攻撃するよりは、敗走している敵兵が再集結して横槍を入れてこないように止めを刺しておきたかったこと。次にトリアリイの後方に待機している戦象の存在があったことだ。よって敗走する敵に止めを刺し、その後全軍でローマ軍団を包囲殲滅した方が確実だと判断したのだろう。ともあれ、大王は散り散りになった部隊を再集結させ、ゼウクシスに軽装歩兵（おそらくキュルティア・エリュマイス部隊とミュシア部隊）と銀盾隊（可能性は低いが）を前進させるように命令した。大王の脳内では、大勢はすでに決し、今は最後の締めを行う段階にあった。

　大王の思惑とは裏腹に、セレウコス軍左翼は壊滅的状態に陥っていた。壊走する戦車やラクダ兵が後方のカタフラクトやガラティア騎兵隊の隊列に飛び込んだため、騎兵部隊が大混乱に陥っていたのだ。そこにエウメネス率いる騎兵隊が突入した。防御側に回った重装騎兵ほど脆いものはない。彼らはあっけなく壊走し、周囲の部隊も戦意を完全に喪失して戦うどころではなくなった。中には再集結して反撃を試みる部隊もあったかもしれないが、エウメネスの攻撃で再び敗走するか、周囲の惨状に反撃を断念せざるを得なかった。逃げ惑う兵士たちは、野営地やまだ無傷の重装槍兵隊に逃げ込もうと必死に走った。
　この惨状を象の上から見た中央部隊指揮官のフィリッポスは、ローマ側優勢を認め、重装槍兵に中空方陣を組むように命令し、守勢に入る。彼らは命令一下、後ろ半分のシンタグマがラコニア式反転で後方を向き、その後数百メートル前進して停止。その後、左右両端がそれぞれ90度旋回して側面を形成するというかなり複雑な機動を行って中空方陣を組む。自軍左翼が壊滅状態で、逃げ惑う戦友や敵の妨害に晒されながらも、冷静にこれだけの機動を成し遂げたことから、彼らの練度の高さがうかがえる。この時の中空方陣は完全なものではなく、部隊間に戦象1頭を置く隙間を開けたものだった。逃走中の左翼兵士や前衛の軽装歩兵はこの隙間

第3章 マグネシアの戦い（前190/189年）

から重装槍兵の要塞の中に入り、時には飛び道具で迫りくる敵を攻撃した。確かに左翼は壊滅状態だが、敵の後方には無傷の重装騎兵2500騎と軽装歩兵5000人以上、加えて銀盾隊1万がいる。彼らが戻ってくれば、逆転勝利は確実であった。

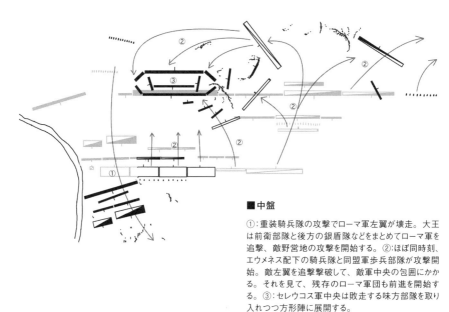

■中盤
①：重装騎兵隊の攻撃でローマ軍左翼が壊走。大王は前衛部隊と後方の銀盾隊などをまとめてローマ軍を追撃、敵野営地の攻撃を開始する。②：ほぼ同時刻、エウメネス配下の騎兵隊と同盟軍歩兵部隊が攻撃開始。敵左翼を追撃撃破して、敵軍中央の包囲にかかる。それを見て、残存のローマ軍団も前進を開始する。③：セレウコス軍中央は敗走する味方部隊を取り入れつつ方形陣に展開する。

3．決着

　敗走するローマ軍団兵は、一心に野営地に逃げ込もうとする。それを止めたのは野営地指揮官マルクス・レピドゥスであった。彼は指揮下の兵2000と共に彼らの前に立ち、これ以上逃げようとする者は誰であろうと切り捨てると宣言し、実際にそれでも逃亡しようとする兵士を自ら切り捨てたという。彼の決意を見て、敗兵は落ち着きを取り戻した。

　レピドゥス隊は、野営地の正面に展開していたようだ。彼らの主力はマケドニアのペルセウス王から派遣された重装槍兵1000（1024）人とトラキア人義勇兵1000人である。彼らは重装槍兵を中央、トラキア人を両翼に配置するスタンダードな布陣か、両者を混在させるパレンタクシスをとって大王軍を迎え撃った。ローマ軍団を打ち破ったカタフラクトイら重装騎兵と戦象部隊も、重装槍兵に容易に近づけず、苦戦を強いられる。

273

第四部 ケーススタディ

　一方、ゼウクシス率いる歩兵隊は別方向からローマ軍野営地へ侵入を試みていた。おそらく野営地を占領してレピドゥス隊の士気を挫き、場合によっては後方から攻撃しようとするものであったと思われる。再集結した軍団兵は決死の抵抗を繰り広げるが、雨霰と打ち込まれる矢玉の下に迫りくる銀盾隊の圧力に抗しきれず、敵の侵入を許してしまう。略奪を始めるセレウコス軍との間にはいまだに激しい戦闘が続いているが、勝敗の行方はほぼ決していた。

　味方が野営地内に突入したという知らせが届いた時、セレウコス軍の兵士たちは勝利を確信したに違いない。が、大王本人の胸中には、逆に不安が広まりつつあった。

　左翼部隊がどこにも見えないのだ。大王は敵野営地付近にいる。ということは、今頃この辺りは左翼に追い立てられて逃げ惑う敵兵で溢れ返っているはず。にもかかわらず、彼の視界にあるのは頑強に抵抗を続けるレピドゥス隊のみである。今や完全に晴れた霧を通して後方に目をやっても、地平線の向こうまで敵兵の姿はない。悪い予感に駆られた大王は、敵野営地への攻撃を断念し、苦戦しているであろう味方を支援すべく東へと向かった。途中エウメネスの弟アッタロス率いる騎兵200と遭遇、これを易々と撃破するが、こんなところで戦意旺盛なる敵兵と遭遇したことで、大王の不安はさらに高まるばかりであった。

　記録によると、このしばらく後に大王の眼前に広がった光景は、折り重なって倒れる自軍兵士の死体の山と、煙を噴き上げる野営地、そこから聞こえてくる兵士たち

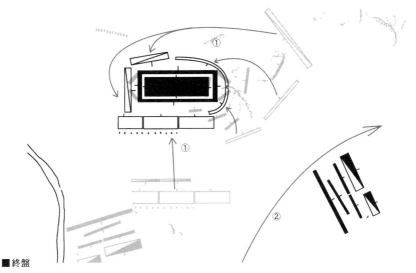

■終盤

①完全包囲されつつも、セレウコス軍中央は頑強に抵抗し、ローマ軍を寄せ付けなかった。しかし、戦象が暴走を開始したことで、ついに壊走、多数が打ち取られた。②ローマ軍野営地攻撃から戻った大王だが、敗北を確信して戦場を離脱、サルディスへと向かう。

の悲鳴だったという。方陣を組んだ重装槍兵は、四方八方からありとあらゆる武器を投げつけられながらも、ローマ軍をまったく寄せ付けなかったが、戦象がついに苦痛に耐えきれなくなり暴走を開始、重装槍兵の戦列を踏み荒らした。統制が破壊された重装槍兵もついに壊走、ローマ軍に切り刻まれていったのだ。程なくして野営地も陥落し、中に逃げ込んだ兵士たちは狂気に近い興奮状態にあったローマ兵に無差別に虐殺されたという。

大王は、何がどうなってこうなったのか理解できなかっただろう。あらゆる手を講じて万全の態勢を整え、論理的・経験的に完璧な作戦を立てていたし、将兵は敵を侮っていたわけでも油断していたわけでもない。どう考えても負けるはずがない状況であったのに、あり得ないほどの完全敗北を喫してしまったのだ。この時、大王の指揮下には無傷の右翼隊2万がおり、断固たる攻撃を行えば、逆転勝利も不可能ではなかった。が、あり得ない現実を見た衝撃、息子の安否に対する不安などから、大王の心は完全に折れていた。大王は戦場から離脱。65km西方のサルディスにたどり着いたのはその日の夜中だったという。

リウィウスによると、セレウコス軍は歩兵5万、騎兵3000騎が戦死、兵士1400人と戦象15頭が捕虜になったという。一方ローマ軍は多数の負傷者を出したものの、戦死者は歩兵300人、騎兵24騎、エウメネスのペルガモン軍に死者24人が出たに留まったという。アッピアヌスは、セレウコス軍は死者捕虜合わせて5万、ローマ軍は歩兵300人と騎兵24騎が戦死、ペルガモン軍に15人の戦死者が出たと記録している。

だが、彼らの数字は間違いなく歪曲されている。というのも、大王から派遣された大使がローマ軍を訪れたときには、彼らはまだ自軍の死者の埋葬途中だったというのだ。サルディスからの使者が到着するには最低2日かかるが、僅か300人を埋葬するのに2日以上もかかるはずがない。さらに軍団兵の壊走とローマ軍野営地での激戦を考慮に入れると、ローマ軍全体の死者は2〜4000人程度であったと見るべきだ。セレウコス軍の損害もかなり誇張されている。大王率いる右翼部隊は無傷で戦場を離脱しており、少なくとも2万以上は無事に戦場を離脱したはずだ。それでも万単位の戦死者を出したことは否定できない。

4．その後

戦いの直後の交渉でローマ側が提示した条件は、これまでのものとほとんど同じであった。これは、ローマ側がセレウコス朝を刺激したくないという意識の表れであり、ローマ側も甚大な損害を受けていたということを意味している。ローマの支配者階級もこのことを承知しており、小スキピオが「アジアティクス」の称号を得たものの、

第四部 ケーススタディ

スキピオ一派の影響力は大きく低下した。程なくして、彼らは大王からの賄賂疑惑などのスキャンダルに巻き込まれ、政治の中心から姿を消した。敗者であるセレウコス朝は、この時の勢いを取り戻すことはなく、以降120年に渡る長い衰退の道をたどることになる。

　この戦いは、重装槍兵消滅の先駆けとなる戦いでもあった。各国でローマ軍を模した実験部隊が設立され、その強さの秘密を我が物にしようとした。その一方で重装槍兵は時代遅れの遺物として忘れ去られてしまう。かつて地上最強と言われた重装槍兵は、その700年の歴史をここに終えたのだ。

参考文献

■古代の著述

AELIANUS (original, 2nd c. AD), VISCOUNT DILLON, HENRY A. (1814). The Tactics of Aelian, Comprising the Military System of the Grecians; Illustrated with Notes, Explanatory Plates.UK. Cox and Baylis.

AENEAS TACTICUS, (4th c, BC) Poliorketika.
http://www.aeneastacticus.net/index.html

AENEAS TACTICUS. (4th c. BC) Siege Defence.
http://penelope.uchicago.edu/Thayer/E/Roman/Texts/Aeneas_Tacticus/home.html

APPIANUS. (2nd c. AD), White, Horace (ed.). Syrian Wars.
http://www.perseus.tufts.edu/hopper/text?doc=Perseus:text:1999.01.0230:text=Syr.

APPIANUS ALEXANDINUS. (2nd c. AD), White, Horace (trans), Lendering, Jona (ed). Appian's History of Rome: the Syrian Wars.
http://www.livius.org/ap-ark/appian/appian_syriaca_00.html

ARRIANUS XENOPHON, LUCIUS FRAVIUS (2nd c. AD) Tactica.
http://www.perseus.tufts.edu/hopper/text?doc=Perseus:text:2008.01.0534

ARRIANUS XENOPHON, LUCIUS FRAVIUS (2nd c. AD) Anabasis Alexandri.
http://websfor.org/alexander/arrian/intro.asp

ASCLEPIODOTUS, (2nd c. BC) Tactics of Asclepiodotus the Philosopher.
http://penelope.uchicago.edu/Thayer/E/Roman/Texts/Asclepiodotus/home.html

ASCLEPIODOTUS, (2nd c. BC) Tactica.
http://www.perseus.tufts.edu/hopper/text?doc=Perseus:text:2008.01.0635

CURTIUS RUFUS, QUINTUS. (1st c. AD) Life of Alexander the Great.
http://penelope.uchicago.edu/Thayer/E/Roman/Texts/Curtius/home.html

DIODORUS SICULUS. (1st c. BC) The Library of History.
http://penelope.uchicago.edu/Thayer/E/Roman/Texts/Diodorus_Siculus/home.html

FRONTINUS, SEXTUS JULIUS. (Late 1st c. AD) Strategmata.
http://penelope.uchicago.edu/Thayer/E/Roman/Texts/Frontinus/Strategemata/home.html

ヘロドトス(著)、松平千秋(約)『歴史(上・中・下)』岩波文庫。1994年。

ホメロス(著)、松平千秋(訳)『イリアス(上・下)』岩波文庫。1993年。

LIVIUS, TITUS. (1st c. AD) Livy's History of Rome. Book 37.
http://mcadams.posc.mu.edu/txt/ah/Livy/Livy37.html

LIVIUS, TITUS. (1st c. AD), McDevitte, William A. (Trans.) The History of Rome. Book 37.

http://www.perseus.tufts.edu/hopper/text?doc=Perseus:text:1999.02.0149

POLYAENUS. (2nd c. AD) Stratagems.
http://www.attalus.org/translate/polyaenus.html

POLYBIUS. (2nd c. BC) The Histories.
http://www.perseus.tufts.edu/hopper/text?doc=Plb.+toc&redirect=true

POLYBIUS. (2nd c. BC) The Histories.
http://penelope.uchicago.edu/Thayer/E/Roman/Texts/Polybius/home.html

PLUTARCH. (1st - 2nd c. AD) The Lives.
http://penelope.uchicago.edu/Thayer/E/Roman/Texts/Plutarch/Lives/home.html

THUCYDIDES. (5th c. BC) History of Peloponnesian War.
http://www.perseus.tufts.edu/hopper/text?doc=Perseus:text:1999.04.0105

THUCYDIDES. (5th c. BC) History of Peloponnesian War.
http://www.perseus.tufts.edu/hopper/text?doc=Perseus:text:1999.01.0200

XENOPHON. (4th C, BC) On the Cavalry Commander.
http://www.perseus.tufts.edu/hopper/text?doc=Perseus%3Atext%3A1999.01.0210%3Atext%3DCav.

XENOPHON. (4th C. BC) On the Art of Horsemanship.
http://www.perseus.tufts.edu/hopper/text?doc=Perseus%3Atext%3A1999.01.0210%3Atext%3DHorse.

クセノフォン(著)、松平千秋(訳)『アナバシス:敵中横断6000キロ』岩波書店(1993年)

■全般

CAMPBELL, BRIAN. (2004) Greek and Roman Military Writers: Selected Readings. UK. Routledge.

FERRILL, ARTHUR. (1997) The Origins of War: From the Stone Age to Alexander the Great (Revised edition). US. Westview Press.

LIQUORISH WRIGHTSON, GRAHAM CHARLES. (2012) 'Greek and Near Eastern Warfare 3000 to 301: the Development and Perfection of Combined Arms.' CA. University of Calgary.

MORROY, BARRY (ed.). (2007) The Cutting Edge: Studies in Ancient and Medieval Combat. UK. Tempus Publishing.

MURRAY, WILLIAM. M. (2012) The Age of Titans: The Rise and Fall of the Great Hellenistic Navies. UK. Oxford University Press.

PAUNOV, EVGENI. DIMITOROV, DIMITAR. Y. (2000) 'New Data on the Use of War Sling in Thrace (4th - 1st Century BC.)'

SANZ, FERNANDO QUESADA. (2007) 'Estandartes Militares en el Mundo

Antiguo'. Aquia Legionis. ESP. Signifer Libros.

SANZ, FERNANDO QUESADA. (1994) 'Máchaira, Kopís Falcata'. Homenaje a F. Torrent. ESP. Madrid.

VEGA, MARGARET BROWN. CRAIG, NATHAN. (2009) 'New Experimental Data on the Distance of Sling Projectiles.' Journal of Archaeological Science 36.

WILLEKES, CAROLYN. (2013) 'From the Steppe to the Stable: Horses and Horsemanship in the Ancient World.' CA. University of Calgary.

■ギリシア

ALDRETE, GREGORY S., BARTELL, SCOTT. & ALDRETE, ALICIA. (2013) Reconstructing Ancient Linen Body Armour: Unraveling the Linothorax Mystery. US. The Johns Hopkins University Press.

BARDUNIAS, PAUL P. (2007) 'Aspis; Surviving Hoplite Battle'. Ancient Warfare Magazine I.3. Netherlands. Karwansaray Publishers.

BLYTH, PHILIP HENRY. (1977) 'The Effectiveness of Greek Armour Against Arrows in Persian War (490-479B.C.)' UK. University of Reading.

BOCHNAK, TOMASZ. (2006) 'Early Circular Umbones of the Przeworsk Culture: The Role of Local Tradition and Celtic Influences on the Diversity of Metal Parts of the Shields at the Beginning of the Late-Roman Period.' Analecta Archaeologica Ressoviensia.

BOSMER, DIETRICH VON. (1989) 'Armorial Adjuncts'. Metropolitan Museum Journal 24. NY. Metropolitan Museum of Art.

BOSMER, DIETRICH VON. (1994) Greek Vase Painting (Third printing). US. Metropolitan Museum of Art.

CAMPBELL, DUNCAN.(2012) Spartan Warrior 735-331 BC. UK: Osprey Publishing.

CHRISTENSEN, PAUL. (2004). 'Utopia on the Eurotas: Economic Aspects of the Spartan Mirage' Spartan Society.

CHRISTENSEN, PAUL. (2014) 'Sparta and Athletics.' Companion to Ancient Sparta. UK. Wiley Blackwell.

COOK, BRIAN. F. (1989). 'Footwork in Ancient Greek Swordsmanship'. Metropolitan Museum Journal 24. NY. Metropolitan Museum of Art.

CROWLEY, JASON. (2009) 'The Athenian Hoplite Phalanx and the Potential for Military Disintegration'. UK. University of Manchester.

CROWLEY, JASON. (2013). The Psychology of the Athenian Hoplite Revealed. BBC Magazine Podcast April 2013. Available at:
http://d2j7noxmrt3xhh.cloudfront.net/bbchistory/audio/HistoryExtra_2013_05_09.mp3

de VIVO, JUAN SEBASTIAN. (2013) 'The Memory of Battle in Ancient Greece: Warfare, Identity, and Materiality.' Stanford University.

ECHEBERRÍA, FERNANDO. (2012) 'Hoplite and Phalanx in Archaic and Classical Greece: A Reassessment.' Classical Philology 107. US. University of Chicago.

EMANUEL, JEFFREY P. (2012) 'Race in Armour, Race with Shields: The Origin and Devolution of the Hoplitodromos.'. University of Pennsylvania Center for Ancient Studies Conference.

FIELD, NICHOLAS. (1994) 'The Anatomy of a Mercenary: From Archilochos to Alexander.' University of Newcastle upon Tyne.

GOLDSWORTHY, A. K. (1997) 'The Othismos, Myths and Heresies: the Nature of Hoplite Battle'. War in History 1997; 4; 1. UK. Sage Publications.

HANSEN, MOGENS HERMAN. (2011) 'How to Convert an Army Figure into a Population Figure.' Greek, Roman and Byzantine Studies. 51. US. Duke University Press.

HANSON, VICTOR DAVIS ed. (1993). Hoplites: The Classical Greek Battle Experience. UK. Routledge.

HAWKINS, CAMERON. (2011) 'Spartans and Perioikoi: The Organization and Ideology of the Lacedaimonian Army in the Fourth Century B.C.E'. Greek, Roman and Byzantine Studies. 51. US. Duke University Press.

HARTHEN, DAVID. (2001) 'The Logistics of Ancient Greek Land Warfare.'. UK. University of Liverpool.

HODKINSON, STEPHEN. 'Was Classical Sparta a Military Society?' Sparta and War. UK. Classical Press of Wales.

KRENTZ, PETER. (1985) 'The Nature of Hoplite Battle'. Classical Antiquity, vol.4, No.1. US. University of California Press.

KYRTATAS, DIMITRIS J. (2009) 'Greek Views on the Economy of War and Military Expansion.' Αριάδνη: Επιστημονική επετηρίδα της Φιλοσοφική ς Σχολής Πανεπιστημίου Κρήτης 9.

MATTHEW, CHRISTOPHER. (2012) A Storm of Spears.UK: Pen & Sword Books.

MCDERMOTT, ROBERT M. (2004). 'Modelling Hoplite Battle in Swarm'. NZ. Massey University.

MURRAY, STEVEN ROSS, SANDS, WILLIAM A., KECK, NATHAN A. & O'ROARK, DOUGLAS A. (n.d.) 'Efficacy of Ankyle in Increasing the Distance of the Ancient Javelin Throw'. US. Colorado Mesa University.

MURRAY, STEVEN ROSS, SANDS, WILLIAM A,.& O'ROARK, DOUGLAS A. (n.d.) 'Throwing the Ancient Greek Dory: How Effective is the Attached Ankyle at Increasing the Distance of the Throw?'. US. Colorado Mesa University.

MURRAY, STEVEN ROSS, SANDS, WILLIAM A., & O'ROARK, DOUGLAS A. (n.d.) 'Recreating the Ancient Javelin Throw: How Far was the Javelin Throw?'. US. Colorado Mesa University.

MOORE, MARY B. (2004) 'Horse Care as Depicted on Greek Vases before 400 B. C.' Metropolitan Museum Journal 39. US. Metropolitan Museum of Art.

NÉMETH, GYÖRGY. (2007) 'About the Shield of Spartans'
https://www.academia.edu/5430477/About_the_shields_of_the_Spartans

NORRIS, MICHAEL. (2000) Greek Art: From Prehistoric to Classical. US Metropolitan Museum of Art.

OBERT, JESSE. 'A Brief History of Greek Helmets'. Ancient Planet Online Journal. Vol.2.
http://issuu.com/ancientplanet/docs/ancientplanet_vol.2

PASCUAL, JOSÉ. (2007) 'Theban Victory at Haliartos (395 B.C.)' Gradius XXVII. ES. Instituto de Historia.

RANDALL, KARL. (2011) 'Hoplite Phalanx Mechanics: Investigation of Footwork, Spacing and Shield Coverage.' Journal of Greco-Roman Studies. RoK. Seoul.

ROBERTS, MIKE. BENNET, BOB. (2014) Spartan Supremacy, the. UK. Pen & Sword Books.

RUSH, SCOTT M. (2011, 2014) Sparta at War: Strategy, Tactics, and Campaigns. UK. Frontline Books.

ÁLVAREZ RICO, MAURICIO G. (2002). 'The Greek Military Camp in The Ten Thousand's Army'. Gladius XXII. ES. Instituto de Historia.

SPRAWSKI, SŁAWOMIR. (n.d.) 'Battle of Tegyra (375 BC): Breaking Through and the Opening of the Ranks'

THORNE, JANES A. (2001) 'Warfare and Agriculture: The Economic Impact of Devastation in Classical Greek'. Greek, Roman and Byzantine Studies. US. Duke University

UEDA-SARSON, Luke. 'The Evolution of Hellenistic Infantry.'
http://www.ne.jp/asahi/luke/ueda-sarson/Iphikrates1.html

WILDE, JORDAN. (2008) 'Ancient Greek Hoplite and Their Origins'. US. History Department, Oregon university.

■マケドニア・後継者王国

BAR-KOCHVA, B. (1979, 2011) The Seleucid Army: Organization & Tactics in the Great Campaigns. UK. Cambridge University Press.

CAMPBELL, DUNCAN R. J. (2009) 'The so-called Galatae, Celts, and Gauls in the Early Hellenistic Balkans and the Attack on Delphi in 280-279 BC.' The

University of Leicester.

CONGAIL, MAC. (n.d.) 'The Kingmakers – Celtic Mercenaries.'

EADIE, JOHN W. (1967) 'Development of Roman Mailed Cavalry.' Journal of Roman Studies. vol.57.

FISCHER-BOVET, CHRISTELLE, and CHLARYSSE, WILLY. (2012) 'A Military Reform before the Battle of Raphia?'. Archiv für Papyrusforschung 58

FISCHER-BOVET, CHRISTELLE. (2013) 'Egyptian Warriors: The Machimoi of Herodotus and the Ptolemaic Army.' The Classical Quartely vol.63.

HECKEL, WALDNER and JONES, RYAN. (2006) Macedonian Warrior: Alexander's Elite Infantryman. UK. Osprey Publishing.

HOBBY, JOHN. R. (2001) 'The Use of the Horse in Warfare and Burial Ritual in Prehistoric Europe: Including Historical, Archaeological and Iconographical Evidence for Celtic Cavalry in Central and Western Europe (c. 700-50 BC)'. The University of Birmingham.

HYLAND, JOHN. (2013) 'Vishtaspa Krny: An Achaemenid Military Official in 4th Century Bactoria.' Arta 2013.002.

KARUNANITHY, DAVID. (2013) The Macedonian War Machine: Neglected Aspects of the Army of Philip, Alexander and the Successors 359-281 BC. UK. Pen and Sword Military.

McCALL, JEREMIAH B. (2002) The Cavalry of the Roman Republic. UK. Routledge.

MIELCZAREK, MARIUSZ. (1998) 'Cataphracts – A Persian Element in the Seleucid Art of War.' ELECTRUM vol.2. POL. Jagiellonian University Press.

NIKONOROV, VALERY P. (1997) The Armies of Bactoria 700BC – 450AD vol.1 and 2. UK. Montvert Publication.

NIKONOROV, VALERY P., SAVCHUK SERGE A. (1992) 'New Data on Ancient Bactorian Body-Armour (In the Light of Finds from Kampyr Tepe).' Iran vol. XXX. UK. The British Institute of Persian Studies.

NIKONOROV, VALERY P. (1998) 'Cataphracti, Catafractii and Clibanarii: Another look at the old problem of their identifications.' ВОЕЕНОЯ АХХОЛ ЛГИЯ. Russia. Канкт-Нетербург.

NIKONOROV, VALERY P. (2013). 'More about Western Elements in the Armament of Hellenistic Bactoria: The Case of Warrior Terracotta from Kampyr-Tepe.' Zwischen Ost und West Neue Forschungen zum Antiken Zentralasien. GER. Verlag Philpp von Zabern.

NOGUERA BOREL, A. (n.d.) 'L'evoltion de la Phalange Macedonienne: La Cas de la Sarisse'. Ancient Macedonia: Sixth International Symposium. Vol. 2. Institute for Balkan Studies.

NOSSOV, KONSTANTIN. (2008) War Elephants. UK. Osprey Publishing.

NOSSOV, KONSTANTIN. (2005) Ancient and Medieval Siege Weapons. US. The Lyons Press.

NUTT, STEPHEN. (1993) 'Tactical Interaction and Integration: A Study in Warfare in the Hellenistic Period from Philip II to the Battle of Pydna.' Newcastle University.

OLBRYCHT, MAREK JAN. (2011) 'First Iranian Military Units in the Army of Alexander the Great.' Anabasis – Studia Classica et Orientalia. POL. Department of Ancient History and Oriental Studies, University of Rzeszów.

PARK, MICHAEL. (2007) 'The Silver Shields: Philip's and Alexander's Hypaspists.' Ancient Warfare I.3. Netherlands. Karwansaray Publishers.

PARK, MICHAEL. (2009) 'The Fight for Asia: The Battle of Gabiene.' Ancient Warfare vol.2 Netherland. Karwansaray Publishers.

PARK, MICHAEL. (2010) 'Sparta, Macedon and Achaea: The Politics and Battle of Sellasia.' Σparta vol. 6. UK. Markoulakis Publications.

PARK, MICHAEL. (2010) 'Climax of the Syrian Wars – The Battle of Raphia, 217BC.' Ancient Warfare VI.6. Netherlands. Karwansaray Publishers.

PARK, MICHAEL. (2011) 'Doomed Men of Destruction.– The Battle of Gaza, 312BC.' Ancient Warfare V.6. Netherlands. Karwansaray Publishers.

POST, RUBEN. (2010) 'The Bithynian Army in the Hellenistic Period.'
https://www.academia.edu/744905/The_Bithynian_Army_in_the_Hellenistic_Period

RANCE, PHILIP. (2003) 'Elephants in Warfare in Late Antiquity' Acta Antiqua Academiae Scientiarum Hungaricae 43. 3-4.

ROBERTS, MIKE and BENNETT, BOB. (2012) Twilight of the Hellenistic World. UK. Pen and Sword Military.

RZEPKA, JACEK. (2008) 'The units of Alexander's Army and the District Divisions of Late Argead Macedonia'. Greek, Roman and Byzantine Studies 48. US. Duke University Press.

セカンダ、ニック(著) 柊史織(訳)
『アレクサンドロス大王の軍隊―東征軍の実像』新紀元社。2000年

SANEV, GORAN(2003) 'A New Helmet from Macedonia.' Hellenistic Warfare 1. ESP. Fundacion Libertas 7, Instituto Valenciano de Estudios Clasicos y Orientales.

SPRAWSKI, SLAWOMIR (2008) 'Leonnatus' Campaign of 322 BC'. Electrum vol.14.

STROOTMAN, ROLF. (2010-11) 'Alexander's Thessarian Cavalry.' Talanta XLII-XLIII.

SYVANNE, ILKKA. (2009) 'The Battle of Magnesia in January 189 BC.' Saga Newsletter.

SYVANNE, ILKKA.(2010) 'Macedonian Art of War: The Balkans 335, The Granicus River 334 BC, and Gaugamela 331 BC.' Saga Newsletter 123.

TUPLIN, CHRISTOPHER. (2012) 'The Military Dimension of Hellenistic Kingship: An Achaemenid Inheritance?'
http://www.achemenet.com/document/TUPLIN_Military_dimension_of_hellenistic_kingship_08_2013.pdf

WEBBER, CHRISTOPHER. (2003) 'Odrysian Cavalry Arms, Equipment, and Tactics.' BAR International Series.

WEBBER, CHRISTOPHER. (2011) The Gods of Battle – The Thracians at War 1500 BC-AD 150. UK. Pen and Sword Military.

ZAFEIROPOULOS, FOTEINI. AGELARAKIS, ANAGNOSTIS. (2005) 'Warriors of Palos' Archaeology.

■ブログなど

Алексинский, Д.П. 'Is the Boeotian Shield an Iconographic Phenomenon?'
http://www.xlegio.ru/ancient-armies/armament/is-a-boeotian-shield-an-iconographic-phenomenon/

The Fake Busters: Greek Bronze Helmets.
http://www.thefakebusters.com/greek%20bronze%20helmets/ancient%20Greek%20hoplite%20bronze%20helmets%2013.htm

Macedonian Shield.
http://www.xlegio.ru/ancient-armies/armament/notes-on-shields-of-macedonian-type/

Comitatus
http://comitatus.net/greek.html

Hetailoi
http://hetairoi.de/en/history/military/

Stephanos Skarmintzosブログ
https://stefanosskarmintzos.wordpress.com/

Hollow Lacedaimon.
http://hollow-lakedaimon.blogspot.jp

古代ギリシア 重装歩兵の戦術

2015年8月24日 初版発行

著者　長田龍太

発行者　宮田一登志
発行所　株式会社新紀元社
〒101-0054　東京都千代田区神田錦町1-7 錦町一丁目ビル2F
TEL:03-3219-0921　FAX:03-3219-0922
http://www.shinkigensha.co.jp/

郵便振替　00110-4-27618

装丁　久留一郎デザイン室
装丁協力　佐呂間天
本文デザイン・DTP　清水義久
印刷・製本　株式会社リーブルテック

ISBN978-4-7753-1359-6

定価はカバーに表示してあります。
Printed in Japan

長田龍太 著 好評既刊

中世ヨーロッパの武術

ロングソード術やダガー術、レイピア術だけでなく、レスリング術、鎧を着たレスリング術など、中世ヨーロッパの戦闘教本を解説した、日本ではじめての書籍。近世より遅れていると思われ続けた中世の武術が、当時いかに発展していたかを知ることのできる一冊。

本体 2,800円（税別）
A5判　672ページ

続・中世ヨーロッパの武術

武術の技術・理論を紹介する色の濃かった前著『中世ヨーロッパの武術』から、創作の参考となるように、可能な限りの武器・防具、武術を取り入れ、図解・解説した。また、文献によってはっきり確認できない時代の技やイスラム（主にイラン地方）の武術も紹介している。

本体 2,800円（税別）
A5判　624ページ

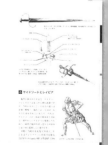

新紀元社